动物行为学
大师佳作书系

灵长目与哲学家

道德是怎样演化出来的

Primates and Philosophers:

How Morality Evolved

【美】弗朗斯·德瓦尔　等著　　　赵芊里　译

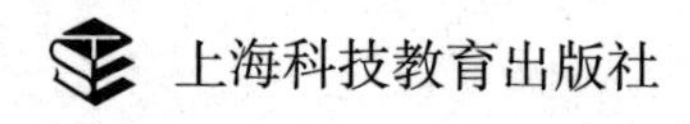

丛书策划　赵芊里

本书为中央高校基本科研业务费专项资金资助项目（188050 - 172220212/011）成果，特此申明与鸣谢

内容简介

如果有人说你是动物,那么你很可能会生气,你感觉自己受到了侮辱。但为什么动物会有这样的坏名声呢?

在这本富于挑战性的书中,德瓦尔认为:当今的演化生物学亵渎了自然界,它强行地将我们做好事的习惯贴上"人性的"标签,而将我们做坏事的习惯归咎于动物性。在广泛引证自己的灵长目动物行为研究成果的基础上,德瓦尔反对上述观点,并阐述了人类是如何从源远流长的[基于社会本性就]有道德的哺乳动物家族中演化而来的。

《灵长目与哲学家》一书是在德瓦尔于 2004 年提交给普林斯顿大学人类价值研究中心的泰纳讲座演讲稿的基础上形成的,除了德瓦尔所撰写的内容外,它还收入了哲学家辛格、科尔斯戈德、基切尔和科学作家赖特对德瓦尔所探讨的问题的回应。

撰稿人简介

弗朗斯·德瓦尔(Frans de Waal)是以研究灵长目动物的社会性智力(即从事社会活动的智力)而著称的荷兰裔美国籍动物行为学家和生物学家,埃默里大学心理学系康德勒讲席教授,美国国立耶基斯灵长目动物研究中心生命链环研究部主任,美国科学院和荷兰皇家科学院院士。2007 年,他被美国《时代》(*Time*)周刊评选为影响世界的 100 个杰出人物之一。他在《科学》(*Science*)、《自然》(*Nature*)、《科学美国人》(*Scientific American*)以及动物行为学方面的专业期刊上发表了数以百计的科学文章。主要著作有:《黑猩猩的政治》(*Chimpanzee Politics*,1982)、《人类的猿性》(*Our Innter Ape*,2005)、《类人猿和寿司大师》(*The Ape and the Sushi Master*,2001)等。

菲利普·基切尔(Philip Kitcher)是美国哥伦比亚大学杜威哲学讲席教授,美国哲学学会(太平洋分会)前主席,《科学哲学》(*Philosophy of Science*)杂志前主编,美国文理科学院院士。他出版了多部著作,包括《在孟德尔的镜子中:对生物学的哲学思考》(*In Mendel's Mirror: Philosophical Reflections on Biology*,2003)、《寻找一种结局:对瓦格纳的戒指的沉思》(*Finding an Ending: Reflections on Wagner's Ring*,2004)、《达尔文的生活:进化、设计和信仰的未来》(*Living with Darwin: Evolution, Design, and the Future of Faith*, 2009)。

克里斯蒂娜·科尔斯戈德(Christine M. Korsgaard)分别在伊利诺伊大学和哈佛大学获得学士和博士学位;在哈佛大学时,师从罗尔斯(John Rawls)教授。她曾在耶鲁大学、加州大学圣巴巴拉分校、芝加哥大学任教,现执教于哈佛大学,是该校的波特哲学讲席教授。她已出版的著作有:《创建目的王国》(*Creating the kirgdom of Ends*,1996),这是一本关于康德的道德哲学的论文集;《应然性的本源》(*The Sources of Normativity*,1996),这是一本关于义务之根基的近现代观点的研究专著，是科尔斯戈德 1992 年关于人类价值的泰纳演讲稿的扩展版；《自我的建构：行动、认同与整合》（*Self-Constitution：Agency, Identity, and Integrity,* 2009），这是一本关于行为的形而上学、控制行为的应然标准，以及个人身份的构成之间的联系的书；《行动的基本法则：关于实践理性与道德心理的论文集》（*The Constitution of Agency：Essays on Practical Reason and Moral Psychology*,2008），等等。

斯蒂芬·马塞多（Stephen Macedo）在威廉与玛丽学院获得学士学位，在伦敦经济学院、牛津大学、普林斯顿大学获得硕士学位，并在普林斯顿大学获得博士学位，曾在哈佛大学和锡拉丘兹大学马克斯韦尔学院任教。他从事政治学、伦理学、美国宪政、公共政策等方面的教学与写作，强调自由主义、正义及学校、公民社会与公众政策在促进公民权利上的作用。他曾是普林斯顿大学法律与公共事务计划（1999—2001）的创始人与主管，他担任了美国政治科学协会副主席，以及该协会属下的公民教育与参与事宜的首届常设委员会主席。在相关研究方面，他是《民主在危险中：政治选择如何侵蚀公民权利，对此我们能做些什么》（*Democracy at Risk：How Political Choices Undermine Citizenship and What We Can Do About It*,2005）的作者之一。他的著作还有：《多样性和不信任：多元文化民主中的公民教育》（*Diversity and Distrust：Civic Education in a Multicultural Democracy*,2000），《自由的美德：自由宪政中的公民、美德与社群》（*Liberal Virtues：Citizenship, Virtue, and Community in Liberal Constitutionalism*,1990）。他是《美国宪法解释》（*American Constitutional Interpretation*）第 3 版的作者和主编之一［其他作者与主编还有墨菲（W. F. Murphy）、弗莱明（J. E. Fleming）、巴伯（S. A. Barber）］。他主编的书还有：《教育公民：公民价值观与学校选择的国际展望》（*Educating Citizens：International Perspectives on Civic Values and School Choice*,2004）、《普遍管辖权：国际法院根据国际法对严重罪行的起诉》（*Universal Jurisdiction：International Courts and the Prosecution of Serious Crimes under International Law*,2004），等等。

约西亚·奥伯（Josiah Ober），曾经是普林斯顿大学玛吉古典文化学讲席教授，现在是斯坦福大学米佐塔基斯政治学与古典文化学讲席教授。普林斯顿大学出版社于 2005 年出版了他的论文集《雅典的遗产：论共进政治》(*Athenian Legacies: Essays on the Politics of Going on Together*)。除了正在进行的关于雅典民主的知识和新观念的研究外，他还对作为自然人的能力的民主及其与道德责任之间的关系感兴趣。

彼得·辛格(Peter Singer)曾就读于墨尔本大学和牛津大学。1977 年就任墨尔本莫纳什大学哲学教授，随后就任该校人类生物伦理学研究中心创始主任。1999 年，他成了该校的德坎普生物伦理学讲席教授。辛格是国际生物伦理协会的创会会长，也是《生物伦理学》(*Bioethics*)杂志的创始主编之一，此杂志的另一位创始主编是库泽(Helga Kuhse)。在《动物解放》(*Animal Liberation*)一书出版后，他首次成了国际知名人士。他的著作有：《民主与不服从》(*Democracy and Disobedience*)、《实践伦理学》(*Practical Ethics*)、《膨胀的圈子》(*The Expanding Circle*)、《马克思》(*Marx*)、《黑格尔》(*Hegel*)、《我们应该怎么活下去?》(*How Are We to Live?*)、《对生命与死亡的重新思考》(*Rethinking Life and Death*)、《同一个世界》(*One World*)、《把时间推开》(*Pushing Time Away*)、《集善恶于一身的总统》(*The President of Good and Evil*)。此外，他还有与库泽合著的《这孩子应该活着吗?》(*Should the Baby Live?*)，与维尔斯(Deane Wells)合著的《繁殖革命》(*The Reproduction Revolution: New Ways of Making Babies*)等著作。他的著作已经被翻译成了 20 种语言。他是最新版的《大英百科全书》(*Encyclopaedia Britannica*)中的伦理学方面的主要文章的作者。

罗伯特·赖特(Robert Wright)是《非零：人类命运的逻辑》(*Nonzero: The Logic of Human Destiny*)和《道德的动物：演化心理学与日常生活》(*The Moral Animal: Evolutionary Psychology and Everyday Life*)的作者，这两本书都是由文塔奇书社(Vintage Books)出版的。《道德的动物》被《纽约时报书评》(*New York Times Book Review*)称为 1994 年 12 本最佳图书之一，现已被翻译成 12 种语言出版。《非零》一书被《纽约时报书评》称为 2000 年度杰出图书之一，该书已被译成 9 种语言出版。赖特的第一本书——《三位科学家和他们的神：在信息时代寻求生命的意义》（*Three Scientists and Their Gods: Looking for Meaning in an Age of Information*）出版于1988年，该书曾获得国家书评家协会的提名奖。赖特是《新共和国》（*New Republic*）、《时代》、《板岩》（*Slate*）的特约编辑，也是《大西洋月刊》（*Atlantic Monthly*）、《纽约客》（*The New Yorker*）、《纽约时报杂志》（*New York Times Magazine*）的特约撰稿人。他曾在《科学》杂志工作，所主持的"信息时代"专栏曾获得过国家杂志论文与评论奖。

对本书的评价

德瓦尔……认为:如果没有在黑猩猩与猴的社会中……显然在起作用的一定的情感“构件”作心理基础,那么,人类的道德就会是不可能的。[他]将人类的道德看成是从灵长目动物的社会性中演化出来的,不过,人类的道德有着超出灵长目动物的两个更高级、更完善的层次。

——韦德(Nicholas Wade),

《纽约时报》(*New York Times*)

德瓦尔是全世界最顶尖、最权威的非人灵长目动物行为学家,这本深思熟虑的著作是他对灵长目动物行为几十年如一日的细致观察的结晶。

——格雷(John Gray),

《纽约书评》(*New York Review of Books*)

德瓦尔……用他亲自获得的关于灵长目动物行为的经验数据,证明了道德的演化论基础。

——《出版者周刊》(*Publishers Weekly*)

德瓦尔……认为……道德实际上是来自我们的动物祖先的一份礼物,人并不是因后天的自我选择而变得善良的……德瓦尔的批评者们没能认识到:虽然动物不是人,但人却是动物。

——《科学通讯》(*Science News*)

致谢

在此，我谨向基切尔、科尔斯戈德、兰厄姆（Richard Wrangham）、赖特表示感谢，他们都是我于2003年11月在普林斯顿大学作泰纳讲座时的评论员。我还要感谢辛格在本书中对我的评论，感谢马塞多与奥伯为本书所作的导论。我感谢资助泰纳系列讲座的泰纳基金会，感谢普林斯顿大学出版社，并特别感谢本书的编辑埃尔沃西（Sam Elworthy）和文字编辑比德（Jodi Beder），感谢举办讲座并帮助协调本书出版的普林斯顿大学人类价值研究中心的成员们，他们是：马塞多（主任）、加拉赫（Will Gallaher，前副主任）和洛根（Jan Logan，助理主任）。最后，我要感谢乔治亚州亚特兰大市埃默里大学内的美国国立耶基斯灵长目动物研究中心以及其他我曾经在其中做过研究的研究中心和动物园，感谢帮助收集本书资料的我的众多合作者和研究生们。

弗朗斯·德瓦尔

2006年3月

导读

本书要探寻的是道德的演化之路。本书主要作者德瓦尔为什么要做这件事呢？且让我们来看看其中的原委。

“当我们做坏事时，我们经常会听到这种说法：‘这就是我们身上的动物性！’。但当我们做好事时，为什么不这么说呢？……[因为：]迄今，科学一直在人类文化而非演化过程中寻求道德的起源，因而，科学界迄今仍坚持认为：人类是因自我选择有道德的，而非[出于本性]天生就有道德的。”将道德看作人类创造的一种文化而非生物本性，是一种曾经在人文社会科学乃至生命科学界长期并至今仍然存在的观点，这种观点的影响甚广，以至于当今社会中的大多数人已自觉或不自觉地接受了这种观点，并据此来作相关判断。

文化论的道德观的代表人物是因捍卫达尔文的演化论而著称的英国生物学家赫胥黎(Thomas Huxley)。关于道德，他的基本观点是：“在内心深处，我们并没有真正的道德。……道德……[是]一种文化涂层，一层薄薄的装饰面板，正是这一涂层或面板掩盖了我们自私、野蛮的本性。……人类的道德……[是]人类对粗野而肮脏的演化过程及其结果的努力克服……只有经由反对我们自己的本性，我们才能成为有道德的动物。”可见，在赫胥黎看来：道德是有文化的人为了掩饰自私的动物本性而造出来的一块遮丑布，而没有文化的其他动物是不可能有道德的。据此，德瓦尔将赫胥黎的道德观称为“饰面理论”(Veneer Theory)，并形象地将他眼中的人性比作一个表皮光鲜的烂心水果。

“按照饰面理论，人类在根本上是恶的，因而，他们的善的行为就必须被解释为一种被神秘地安置在恶的自然核心之上的道德面板的产物。”在现代霍布斯主义者高塞尔看来：人的所谓的善行不过是基于利己动机和理性计算的利益交换行为，由此，所谓"道德面板"就是将根本上利己表面上利他的行为说成在动机上就是利他的。但德瓦尔认为：这种"（利己主义）理性人"假说与人作出利他行为时的实际情况相距甚远。在引述孟子的"救孺于井"的经典案例后，德瓦尔评论道："在看到别人痛苦时所生的悲悯之情是一种我们几乎或根本无法控制的冲动：就像反射一样，它在一瞬间就抓住了我们，在那种时候，我们根本就没有时间来权衡利弊。"人实际上会在一瞬间产生的悲悯之情的推动下不假思索乃至毫不犹豫地作出救人于危难之中的善举，这表明：至少在某些情况下，人的利他行为并不是基于投入与回报的理性计算的；因而，在这些情况下，"理性人"与"饰面理论"都是不成立的。

与"理性人"和"饰面理论"相反，德瓦尔对道德起源问题的思考走的是"情感主义"和演化论的路子。他认为：道德是在社会动物的社会本能和情感心理的基础上逐步演化出来的。他用俄罗斯套娃模型描述了他所设想的并用许多相关动物行为案例论证了的演化论的道德观*。其要点如下：

一、道德演化的基点：个体间情绪感染现象

情绪感染是指："一个个体的情感状态在另一个个体中引发出一种与之相一致或密切相关的情感状态"。更具体地说，情绪感染是指个体间"即刻发生且通常无意识的情感状态的呼应与匹配过程"，即：一个个体在感知到另一个体表达其情感的表情、声音、动作、姿态时，会经由（感知后立即产生对被感知状态的自动模仿的）"知觉—动作机制（PAM）"在一瞬间不自觉且不由自主地模仿起另一个体相应部位的肌肉运动状态，进而产生与之相同或类似的情感的现象。情绪感染在动物有或没有自我与他者意识的情况下均可产生，因而，广泛存在于无论有无自我与他者意识的许多动物中。例如："一个受到严厉惩罚或拒绝的猕猴婴儿的尖叫常常会使得其他婴儿靠近与拥抱它，或爬

---

*德瓦尔的基本道德观是：道德指涉的是帮助或伤害他人。换言之：道德是涉他性生命行为的利害关系与应然准则。参见：赵芊里.德瓦尔论七种人猿界线说及人在动物界的地位，自然辩证法研究，No.7，2012，p.83.——译者

骑在它身上……一个婴儿的困苦扩散到了其同龄者身上，于是，那些同龄者开始寻求接触以疏解自己的紧张。”

在单纯的情绪感染(如婴儿尖叫引起同龄者情绪感染的例子)中，被感染者只是经由不自觉的自动模仿感受到他者的情感并作出在这种情感状态下自然而然就会做的事(如寻求接触)，但被感染者之所为即使在客观上对引起感染者有利，他或她自己主观上也是无利他动机的。为了区别于引发自觉的利他行为的有理性参与的情绪感染现象，德瓦尔将被感染后个体的行为止于情感的自我宣泄或排解的这种单纯或初级的情绪感染称为“自囿性情绪感染”。尽管不会产生利他动机或自觉的利他行为，但德瓦尔认为：这种基于自动模仿感受到他者情感的情绪感染能力和现象正是道德最深层次的情感心理基础，是道德演化的基点。

二、道德行为的基石：拟他性同心与交互式回报

“随着自我与他者区别意识和对他者情感状态所依存的确切境遇的估测能力的增强，情绪感染终于发展成了拟他性同心。拟他性同心包含了情绪感染——没有情绪感染就不可能出现拟他性同心，但拟他性同心又有着超出情绪感染的地方：它在他者和自己的状态间设置了过滤器。在人类中，到两岁左右，我们才开始出现这些认知性层次。”“拟他性同心有两种，即：认知性同心(理解他者的情感之因)和心理状态自居(完全采用他者的视角，从而，就他者的境况产生他者立场的各种意识活动)。”可见，当动物个体具有自我与他者的区别意识和对引发他者情感的原因的认知能力，以及以他者自居的想象能力时，情绪感染就会发展到一个更高的层次，即拟他性同心。准确地说：拟他性同心是指具有自我与他者意识的个体在对他者的境况与需求的认知的基础上，将自己拟想成他者，从而产生在一定程度上与他者同样的(感性、情感与理性)心理活动，即换位思维的现象。或简而言之：拟他性同心即拟他所造成的同心现象。在作为“拟他”之结果的“同心”中，侧重于情感的同心(empathy)又称为同情(sympathy)，即个体基于对他者的境况与需求的换位式认知而产生的情感。在这种广义的同情中，若其中的情感特指个体基于换位式认知产生的与困境中的他者一致或类似的负面情感及对他者的担忧

之情，那么，这种同情就是狭义的同情，即人们在日常语言活动中通常所说的同情了。*

至于拟他性同心能力的来源，除了心理学上的解释——动物的认知与想象能力的增强对情绪感染现象的改造与提升——外，德瓦尔还提出了一种演化动力学上的解释："拟他性同心是个体间联系的前语言的原初形式……我们可以假设：拟他性同心能力最初是在父母养育与关爱子女的活动中演化出来的；对哺乳动物来说，父母对子女的养育与关爱是必不可少的。"换言之：拟他性同心能力有助于哺乳动物中的父母更好地关爱自己的子女因而受自然选择的支持，所以，这种能力就应运而生并逐步发展起来了。

在具有自我与他者的区别意识并能对他者不同于自己的处境与需求有所认知后，一个在一定程度上以他者自居但又在一定程度上保持着自我与他者的区别意识的动物个体，就能基于拟他性同心作出符合他者需求的利他行为了；至此，个体基于情绪感染的自我中心的情感宣泄或排解行为终于被基于同情的他者中心的利他行为取而代之了，利他意义上的道德行为就这样产生了！

拟他性同心现象需要以相当强的理性和想象力为基础，因而，这种现象及基于它的有针对性的帮助行为只有在智商特别高的猿、海豚**和大象等少数哺乳动物中才普遍可见；此外，在猴、狗、猫、鼠等哺乳动物中也存在着一定程度的拟他性同心及基于它的利他现象。波诺波库尼救助鸟儿的事为我们提供了非人动物基于拟他性同心作出利他行为的一个经典案例："英格兰特怀克罗斯动物园中……库尼抓住了一只因撞晕而掉到地上的八哥……库尼用一只

---

*这里的广义的同情是笔者根据西方学者对于 empathy 与 sympathy 的关系的普遍看法（认为这两者是过程与结果的关系）而梳理出来的。德瓦尔本人在书中所说的"同情"是狭义的，即"一种由为处于困苦之中的他者而悲伤或担忧的情感所构成的情感反应（而非与他者完全相同的情感）。——译者

**有科学家认为：海豚其实是一种"水中猿（aquatic ape）"，因而符其实的名称其实应该叫"海猿"，作为人类祖先的猿可能经历过一段生活在海中的历史（因而脱掉了身上的长毛并产生了摄入适量盐的生理需要），海豚很可能是曾为海猿的人类祖先上岸后继续留在海中的兄弟姐妹。——译者

手捡起那只八哥并举着它爬上了那棵最高的树的顶端……她小心翼翼地拉开那只鸟的翅膀……将鸟投向圈养区的围栏之外。但不幸的是，飞了没多远，它就掉下来了……她长时间地守护着那只八哥，以防一个好奇的少年来抓它或伤害它。库尼所做的事对她自己所属物种的成员显然并不适宜。看来，在多次看过鸟儿飞翔之后，她知道对鸟儿来说什么是好的，从而为我们展示了一种与人相似的拟他性同心能力。"显然，她"是在对那只鸟的特定需求及生存于世的独特方式作出回应。"

道德行为有广义与狭义之分，利他行为只是狭义的道德行为，此外，人们所说的道德行为还有求公平的行为。求公平意义上的道德行为是如何演化出来的呢？让我们来看德瓦尔的相关论述。他说："演化支持那些互相帮助的动物，如果这样做它们能获得比单干和与他者竞争获得更大的长远利益的话。与所涉各方同时获利的合作（这种合作叫互助）不同的是，交互式回报（reciprocity）则是交互进行的行为，从其中的某个单次行为来看，这种行为对接受方是有利的，但对给予方来说则只是一种付出……一旦给予方后来得到同等价值的回报时，这种先行付出的成本……就收回来了。"显然，不能单靠个体自身的力量完成全部谋生任务的社会动物都需要互相帮助，因而自然会演化出互相帮助的行为。互相帮助行为有两种，即：同时性互助（mutualism）与交互式回报。同时性互助这种利益交换行为本来也有助于社会成员养成平等与公平意识，但德瓦尔在本书中没有多作论述。他所着重论述的是交互式回报，因为这种利益交换行为从长期看才是公平的，从单次看则是一方付出或利他而另一方得利或利己的非公平行为，因而，交互式回报不仅关涉利他意义上的道德行为，也关涉求公平意义上的道德行为。

为了方便进一步讨论，让我们先来看两个交互式回报的实例。德瓦尔曾对黑猩猩中的毛皮护理与食物分享现象作过统计研究，结果发现："成年个体更容易与先前曾经给他们做过毛皮护理的个体分享食物。黑猩猩记得那些曾给自己提供过某种服务（毛皮护理）的他者，并会以更多地与其分享食物的方式来回报这些个体。这些证据充分证明了特定伙伴之间的交互式交换的正确性。除对过去事件的记忆外，我们还需要假定：对一种已接受的服务（如毛皮护理）的记忆，会引发服务接受者对给予者的肯定态度；在人类中，这种心理机制就叫做‘感恩’。这种情感是人类道德必不可少的心理基础之一。”德瓦尔还记录过“黑猩猩是如何用一些负面行为来惩罚先前的负面行为的”，例如：“阿纳姆动物园，一个温暖的夜晚，当管理员叫黑猩猩们进屋时，两个少年雌黑猩猩不肯入屋。动物园的规矩是：如果不是所有猿都已进了屋，那么，任何一个猿都吃不到晚餐。几小时后，当她们终于进了屋后，管理员专门将她们安排在一个单独的寝室里，以免她们被报复。第二天早上，在那些猿被放到了岛上后，整个群落都用追打的方式来发泄因晚餐的推迟而引起的不满，那场追打终于以肇事者，遭到体罚而告终。”由这两个例子可见：交互式回报有交互式利他与交互式报复两种情况，两者的心理基础分别是“感恩”与“怨恨”，两者所遵循的行为准则则是同一准则的两面，即“一报还一报”和“善有善报，恶有恶报”。正是在不断循环的交互式回报活动中，社会动物才演化出了越来越稳固的公平心理和公平准则以及以之为基础的越来越普遍的求公平意义上的道德行为。因此，在德瓦尔看来：与拟他性同心一样，交互式回报也是“道德的基石”之一。

三、道德的普遍性问题：道德适用圈的伸缩性

对德瓦尔强调人与非人动物的连续性的演化论道德观，某些哲学家表示了质疑。基切尔与科尔斯戈德认为：“如果连最高等的非人动物通常都将其善行限制在内部成员（亲属或群体成员）范围内的话，那么，我们真的能将它们的行为说成是道德的吗？……‘真正的’道德必定是可以普遍化的。非人动物不会将它们的善行普遍化。……人类的道德行为必须以一个人关于他所要采取的行动路线的正当性的自我认知为基础”，因而，应将“由情感驱动的［动物的］‘道德’行为与人类基于理性的‘真正的’道德行为”明确地区别开来，并将“真正的”道德划归人类所专有。对此，德瓦尔指出：要在人类道德与其他动物的道德之间划界，需要设定并证明人与非人动物之间存在着“不连续性”。但在他看来：“演化是不会以跳跃的形式出现的：新特性都是老特性的修改或变体，因此，近亲物种之间的差异都是渐变式的。”的确，人类常常给自己的行为“在事后找出了正当理由；善于在事后对利他冲动作出解释；会将

这种事说成‘我觉得那时我得做点什么’，但实际上，我们那时的行为是自动化的、直觉性的，遵循情感先于认知这一人类共同的思维模式的。我们的许多道德抉择是以极快的速度作出，以至于不可能有认知与反思介入的。在大多数情况下，我们是通过快如闪电的心理过程就作出利他行为的……我们所自我吹嘘并引以自豪的理性［至少］部分是虚幻的。”可见：在德瓦尔看来，所谓“基于理性的道德行为”大多不过是一种事后追认，因而，即使偶尔存在也远非普遍的，也很难成为人类的道德与非人动物的道德的可靠界线。至于道德准则（在任何情况下对任何群体或物种都适用）的普遍化是否可以作为人类的道德与非人动物的道德的界线，德瓦尔认为：“道德在很大程度上是一种小团体现象。通常，人们对待外人的态度要比对待自己所属的社群的成员差得多：事实上，道德规则看来很难适用于圈外。”他又说：“道德体系都有偏向群体内成员的固有倾向。一种道德体系不可能对地球上所有的生命都给予平等考虑。它得设定一个厚薄有别的优先性等级序列。道德最初是为了处理社群内部事物而演化出来的。道德适用圈的扩展是受承受能力限制的：在资源丰富时，道德适用圈才可能扩展；当资源减少时，道德适用圈就不可避免地会收缩。只有在最内层成员们的健康和生存有切实保障的情况下，道德的适用范围才会越扩越大”。可见，作为原本用来处理群内事务的应然规则，道德准则必然有着基于亲疏关系的偏向性、而不可能对所有群体或物种都一视同仁。道德准则的适用范围也是随着己群成员生存状况的好坏或自我牺牲承受能力的大小而伸缩的，而不可能无条件、永久性地适用于其他群体或物种成员的。由此，那种认为人类的道德准则是或应该是无条件地公正且普遍适用的、并以是否如此作为人类的道德与动物的道德的界线的观点，是不切实际的，因而不能成立。

有必要指出的是：对人类道德是否具有普遍性的问题，德瓦尔的看法是有点游移的。除了上述看法外，他还有其他说法。他曾说过：“只有当我们就任何一个人应该如何被对待作出具有普遍意义的判断时，我们才能开始谈论道德上的赞同与反对。”在将道德分为三个层次——“道德情感”（拟他性同心、基于恩怨情的交互式回报、公平感）；“社会压力”（对是否有利于合作性集体生活的行为的奖惩)；“判断与推理”(对行为正当性的理性判断、对道德准则的普遍适用性和道德体系的逻辑自洽性的理性追求)——后，他又说：“第三层次的道德具有对[道德体系的]内在一致性和[道德准则的]‘公正无私性’的渴望……这一层次的道德是人类所独有的。……我们的内部对话机制还是将道德行为提升到了抽象与自我反思的层次；而在人类这一物种登上演化的舞台之前，这一层次的道德是从未听说过的。”在笔者看来：从现状上看，正如德瓦尔所已阐明的，大多数人在大多数情况下都是基于道德情感和社会压力而作出道德行为的，并且，大多数人的道德情感和道德标准自然而然地都是具有内向偏向性，其适用范围也是随对象与自己的亲疏关系及自身生存状态的好坏而伸缩的；因而，大多数人在大多数情况下的道德状态实际上仍处在德瓦尔所说的前两个层次上；由此，对大多数人来说，以第三层次的道德的性质作为区分人类的道德与其他动物的道德的界线实际上是不能成立的。当然，我们也应该看到：人类中的确有一部分反思能力特别强的人，尤其是某些道德哲学家们，在努力追求人类道德的普遍公正性与普遍适用性，我们甚至可以设想：他们的追求或许代表着人类道德在未来可能会普遍化的一个发展方向；因而，对于这部分人或在未来可能占大多数的人们来说，以第三层次的道德的性质作为区分他们这些人的道德与其他动物的道德的界线是可以成立的，尽管在当今时代这一结论的实际适用面不大，而其在未来世界中的合理性如何也还是个未知数。

在对德瓦尔关于人类道德的普遍性问题的观点作出分析与评判后，探讨一下德瓦尔这样的大家为什么会出现这种似乎自相矛盾的做法或许是有点意思的。据笔者了解，德瓦尔不仅是动物政治学、社会学、伦理学、心理学等新兴交叉学科当今世界最顶尖的学者，也是冲突与和平学研究专家(有《灵长目动物如何谋求和平》与《解决冲突的自然机制》等和平学著作)。他深知和平与友好关系之于个体与群体的生存与发展的重要性，也深谙谋求和平与友好关系之道。由此，笔者不揣冒昧做一个推测：德瓦尔的上述看起来自相矛盾的做法，除了可能是因为他的思想的确存在一定未确定性外，或许也可能是因为：在这个道德理论家们互相混战的时代，他有必要向他的论辩对手们抛出一束橄榄枝。

至此,《导读》可以结束了。接下来,我想顺便交代一下这本书的翻译出版一事的缘起。自从 2008 年翻译、2009 年出版德瓦尔的成名作《黑猩猩的政治》以来,我一直在做他和洛伦兹、德吕舍尔等人的动物行为学著作的翻译及他们的动物行为学思想的研究工作,但在找出版社出版译著上碰了不少钉子。2010 年 7 月,《黑猩猩的政治》一书在台湾获得吴大猷科普著作翻译类金签奖,我因此结识了参加颁奖仪式并将奖杯和奖金转交给我的中国科学院《科学时报》的记者麻小东先生。我请他帮我找找国内愿意出版德瓦尔的著作的出版社,他热心地帮我找到了上海科技教育出版社。该社的科普编辑室主任叶剑先生经与我商量后,决定出版一套由我主编的动物行为学名著,这本我早就想译的动物伦理学名著就这样列入了这套丛书。这本书的翻译工作是 2012 年下半年做的。全书由我主译,我带的研究生张彩霞参与过本书附录中某些部分的初译工作(这部分内容已全部由我重译过,因而文责在我)。在编辑过程中,上海科技教育出版社的编辑王洋等也对译文提出过有益的修改意见。由此可见,本书的翻译出版是多位友人通力合作的结果;因而,在此,我向“红娘”麻小东、策划人叶剑、编辑王洋及学生张彩霞等表示衷心的感谢!这本译著是我于 2011 年申请到的“中央高校基本科研业务费专项资金资助项目”成果之一,该项目的资助和鼓励也是我翻译这本书的动力来源之一;因而,在此,我也向该基金项目及其管理机构表示衷心的感谢!

浙江大学人类学研究所　赵芊里

2013 年 11 月 7 日

目录

下篇　对评论的回应：道德之塔

导　论

奥伯　马塞多

善与恶/善的本性/向善动机/饰面理论/情绪感染/道德的适用范围/赞成与争论

这本书中最核心的一篇文章,是德瓦尔根据自己关于人类价值的演讲稿改写而成的,在这篇文章中,德瓦尔将他几十年来对灵长目动物的研究和深思演化之意义的习惯用于对人类道德的基本问题的思考上。3 位杰出的哲学家和一位卓越的演化心理学家对德瓦尔的问题的构成方式以及他的答案作出了回应。他们在文章中对德瓦尔的努力表示了赞赏,但也对他的某些结论进行了批评。在[本书最后一篇]作为回复的专文中,德瓦尔对他所受到的批评作出了回应。尽管就问题本身以及如何回答这个问题,5 位学者之间存在着相当大的分歧,但他们仍拥有很多共同的见解。首先,本书的所有撰稿人都接受基于随机自然选择的生物演化的标准科学解释。他们都认为:不存在支持人类在其形而上本质上不同于其他动物的任何理由,至少没有人将其主张建立在只有人类才具有超然灵魂的观念的基础之上。

德瓦尔与他的 4 位评论者所共享的第二个重要前提是:道德上的善是某种可以说是事实的实在之物。善至少要求适当考虑他者的利益。由此类推,恶则涉及自私,它使我们无视他者的利益或仅仅将他者当做工具,从而不正确地对待他者。以演化论为理论基础的演化科学与道德的实在这两个基本前提,划定了本书所阐述的关于善的起源的争论范围。这意味着:那些固守于只有人类蒙神恩典被赋予了(包括道德感在内的)某些特性的观念的宗教信徒,将不是这场讨论的参与者,正如这里所表明的那样。那些致力于理性主体论,将选择自私(搭便车、欺骗)而非自愿合作的不可遏制的倾向看作人性本质的社会科学家,也不是这场讨论的参与者;最后,那些道德相对论者,即那些认为对一种行动的对错只能根据具体情形和相关背景作只对当下具体情境有效的判断的人,同样不是这场讨论的参与者。因此,我们在这本书中所展示的是对科学与道德的某些基本问题拥有共识的5位学者之间的一场辩论。这是一群对科学的价值与有效性,对为他者考虑的道德的价值与实在抱有坚定信念的思想家之间的一场严肃而活泼的对话。

德瓦尔及其评论者们想要解决的问题是:既然自私(至少在基因水平上)是自然选择的一种基本机制的假设,是有强有力的科学根据的,那么,我们人类又怎么会变得对善的价值有如此强烈的偏爱呢?或者,换用一种稍微不同的说法——为什么我们不认为作恶是好的呢?有些人认为道德是实在的,但它不能简单地靠这种神学假设——人所独有的向善倾向是神恩的产物,来得到解释或证明;对这些人来说,前面的问题一个棘手的问题,也是一个重要的问题。

对于道德从何而来这一问题,德瓦尔的目标是反驳他称之为"饰面理论"的一套回答,这种道德观认为:道德只是覆盖在非道德或不道德的人性核心上的一层薄薄的装饰面板。德瓦尔指出:饰面理论广为人们所接受(至少直至最近都是如此)。德瓦尔的主要攻击目标是科学家赫胥黎,他曾极力为达尔文演化论辩护,对19世纪晚期诋毁演化论的人进行了狠狠的还击,因而被称为"达尔文的斗犬"。德瓦尔认为:赫胥黎背叛了自己在倡导"花园料理"式的道德观时所持有的最核心的达尔文主义承诺,这种道德观将道德的**形成过程**看作一场战斗,一场对抗那些不断威胁着要占据人类心灵之地的不道德的"繁茂杂草"的持续不断的战斗。德瓦尔的其他攻击目标包括某些社会契约论者[尤其是霍布斯(Thomas Hobbes)],他们把人类看作在根本上是不合群甚至是反社会的物种;还包括某些演化生物学家,在他看来,这些人常常将自私在自然选择过程中已然确定的作用过于普遍化了。

本书的5位撰稿人都不认为他或她自己是德瓦尔所说的那种"饰面理论家"。然而,正如本书所示,人们可以用多种方式来构想饰面理论。因此,描述一种理想型的饰面理论或许是有用的,尽管这样做会冒着扎稻草人的危险。

理想型的饰面理论假设:人类按其本性是野蛮的,因而是恶的,即(狭义的)自私的,因此,人类照理就会做坏事,即不适当地对待他人。然而我们又可以观察到这样的事实:至少有些时候人们会彼此友善且适当地对待对方,在这种时候,人类看起来又像是善的。按照饰面理论,人类在根本上是恶的,因而,他们的善的行为就必须被解释为一种被神秘地安置在恶的自然核心之上的道德面板的产物。德瓦尔的主要反对理由是:饰面理论不能确定这种善的装饰面板的来源。这种面板显然存在于自然之外,因而,任何一个致力于对自然现象作科学解释的人必然会将其当做神话来拒绝。

如果关于道德上的善的饰面理论是建立在神话基础上的,那么,人类中的善的现象就必须以某种其他方式来加以解释。德瓦尔是通过颠覆初始前提开始自己的思考的,他认为:人类按其本性就是善的。我们的"善的本性"与许多其他特性一起,是通过常态的达尔文主义的自然选择过程,从我们的非人祖先那里遗传下来的。为了测试这一前提,他邀请我们与他一起仔细观察与我们人类最亲近的非人亲戚的行为,首先是黑猩猩的行为,然后是与我们血缘关系较远的其他灵长目动物的行为,最后是非灵长目的社会动物的行为。如果我们人类或我们的近亲物种在实际行为中的确表现得像是善良的,那么,方法论上的简约原则就会促使我们假定:这种善是真实的,这种向善动机是自然的,人类及其近亲的道德是拥有着共同的来源的。

尽管人类行为中所表现出来的善要比非人类行为所表现出来的善更为圆满成熟,但在德瓦尔看来,在实质意义上,较为简单的非人类道德必须被视为更复杂的人类道德的**基础**。德瓦尔的将人类道德和非人类道德连接在一起的"反饰面"理论,其经验证据来自于他对人类近亲的行为的长期仔细的观察。在长期观察灵长目行为的极为成功的职业生涯中,德瓦尔看见并记下了许多善的行为。在这一过程中,他表现出了对他的研究对象的日益尊重与喜爱。阅读德瓦尔关于灵长目动物行为的论著是一种享受,在阅读过程中,我们能体会到他多年来观察黑猩猩、波诺波与僧帽猴行为的工作中所拥有的乐趣,能分享到他将这些动物视为自己在某项重大事业中的合作者的感觉,这种喜悦之情洋溢在评论者们的每一篇文章中。

德瓦尔的结论是:人至少在某些时候能作出好行为,而不是在任何时候都只能作出坏行为。在这一点上,我们与其他动物有着共同的情感上的演化之源,即:[基于直觉性的同情]不自觉地(非选择地、前理性地)且有明显生理表现(因而可观察到)地对他者的处境作出回应。拟他性同心(empathy)* 就是一种至关重要的情感反应形式。德瓦尔解释说:拟他性同心反应(empathetic reaction)首先是一种"情绪感染"现象。个体 A 不假思索地立即对个体 B 的处境产生了设身处地的意识,进而在某种程度上"感受到他或她的痛苦"。在这一层面上,从某种意义上说,拟他性同心仍然是自私的:A 试图安慰 B,是因为 A"陷入"了 B 的痛苦,A 是在寻求自我安慰。然而,在更高水平上,(作为过程的)情感上的拟他性同心(emotional empathy)会产生(作为结果的)同心或同情(sympathy)**,即 A 对 B 的与自己不同的情境性特定需求产生了认知。*** 德瓦尔曾举

---

* empathy 一词迄今通译为"移情"。但该词的实际含义是:主体设身处地地站在他者立场上,产生与具体情境中的他者同样的心理活动(包括感性、情感、理性意识,广义上甚至还包括生理行为);因此,empathy 的准确而完整的涵义是:主体在将自己拟想成他者的基础上产生一定程度上与他者拥有同样的心理活动,即换位思维现象。在 empathy 中,原因是"拟他"——将自己拟想成他者,结果是"同心"——产生了一定程度上与他者同样的心理活动)。因而,兼顾准确与简洁,译者认为:可将 empathy 译为"拟他性同心"或"换位思维"。在此后的译文中,将根据具体语境选用上述译法中的任一个。——译者

** empathy 可以兼指个体通过拟他作用在一定程度上与他者产生同样的心理活动的过程与结果,sympathy 则专指 empathy 的结果,这时,两者是整体与部分的关系;但是,人们也常常用 empathy 与 sympathy 来分别指上述活动的过程与结果,这时,两者就是过程与结果的关系。作为拟他活动的结果,sympathy 本应译为"同心"——在一定程度上(与他者)同样的感性,情感与理性意识。但在广义的 sympathy 即"同心"中,人们常常侧重于其中的情感——在对他者在特定情境中的特定需求的换位式认知的基础上产生的情感,即"同情"。因而,译者认为:在将换位式认知看作同情的认知基础或其所隐含的应有之义的情况下,将 sympathy 译为"同情"会更符合人们通常都强调其情感内涵的习惯。因此,译者选择将 sympathy 译为"同情"(这就是狭义的 sympathy)。——译者

*** 可见,德瓦尔所理解的 empathy 与 sympathy 也是包含着感性与理性认知成分,而非只有情感成分的;而且,他也是将 empathy 与 sympathy 看作过程与结果的关系的。——译者

过一个动人且有说服力的例子:一只黑猩猩*设法帮助一只受伤的鸟飞走。由于飞行显然不是黑猩猩自己可以完成的行为,因而,那个猿是在对那只鸟的特定需求及其生存于世的独特方式作出回应。

情绪感染在许多物种中都很常见;拟他性同心现象则只能在某些类人猿中才可观察到。有助于产生好行为的相关情感反应包括交互式利他(reciprocal altruism)**,或许还包括某种公平感——尽管这一点还存有争议(正如基切尔所指出的那样)。德瓦尔认为,这些由情感驱使的行为,其最复杂且精致的形式仍然仅在猿类及少数其他物种——大象、海豚与僧帽猴等中才能观察到。

德瓦尔认为:情感回应是人类的道德的"基石"。人类的道德行为比任何非人动物的道德行为都要复杂,但在德瓦尔看来,它与非人动物的行为是**相连续的**——就像黑猩猩们的同情要比其他动物的情绪感染复杂得多,但它们之间是具有连续性的。由于不同动物间存在着这种善的本性的连续性,因而,我们没必要设想道德被神秘地加入到了一个不道德的核心之中。德瓦尔建议:我们不要将自己设想成由实心黏土制成的、外表涂了一层薄薄的华丽油漆的花园巨魔,而应将自己设想成"俄罗斯套娃"——在本体论上,我们外在的有道德的自我是与层层嵌套的一系列内在的"前人类的自我"相连续的。从最外面最大的"娃娃"一直到最里面最小的"娃娃",这些自我都一样是"性本善"的。

正如这4种回应的效力所证明的,德瓦尔关于人类道德的起源和性质的想法是一种具有挑战性的想法。尽管那些评论员在饰面理论的确切涵义或理性的人是否会接受饰面理论上意见不一,但他们中的每一个人都赞同德瓦尔

---

* 实为一个(只)俗称为倭黑猩猩的波诺波。——译者

** reciprocal altruism 是指不同个体或群体在不同的时间点上,不断交替着发生的此时利他而彼时又从他者那里得到回报的交互式利他现象,而不是指在同一时间点上发生的对彼此都有好处的互惠性利他(兼利己)现象。因而,这一术语应译为"交互式利他",而不应译为"互惠性利他"。——译者

的观点,至少在前面所勾画的粗略形式上。从表面上看,理想型的饰面理论是缺乏吸引力的。但在那一天讲座快结束时,每一位评论员都提出了某种可以说是饰面理论的"远房表兄妹"的观点。关于这一点,赖特表现得很直率,他将自己的观点称为"自然主义饰面理论"。事实上,正如辛格所指出的(见第123页),德瓦尔自己也曾经一度谈论过:人类想要将"道德适用圈"(circle of morality)扩大到圈外者身上去的努力是多么地"脆弱",这种人们所习用的说法似乎在暗示着:至少可将人类道德的某些扩展形式设想为一种装饰面板。

德瓦尔十分关心"道德适用圈"在不至于脆弱得难以维持的情况下可扩展到多远,这一关切凸显出一个问题,正是这个问题导致了评论者们在人类的道德和动物的行为之间画出了一条鲜明的界线。他们坚信:"真正的"(基切尔)道德也必定是可以普遍化的。这种信念将动物从真正有道德的生物范围内排除了出去。用科尔斯戈德的话说,它将动物置于了"道德判断之外",因为非人动物不会将它们的善行普遍化。在非人社会动物中,对自己所属群体内部成员的偏爱是一种固定倾向。人们普遍公认:同样的偏爱倾向对人类来说可能也是内生的,正如德瓦尔所相信的那样。赖特认为:这种偏爱对人类的道德可能是一种常见的威胁。但正如基切尔、科尔斯戈德与辛格所共同指出的:将(人类)对之负有道德义务的所有众生(所有的人,或按照辛格的说法,所有具有其自身利益的生物)[都列入道德适用圈意义上的]普遍化,会被人们看作**在概念上是可行的**(人类中的某些哲学家则认为:这种普遍化在概念上是必不可少的)。至少在某些时候,他们是将这种观点付诸实践的。

尽管每一位评论者所用的哲学表达方式差异甚大,但他们都问了一个同样的问题:如果连最高等的非人动物通常都将他们的善行限制在内部成员(亲属或群体成员)范围内的话,那么,我们真能将它们的行为说成是**道德**的吗?如果答案是否定的(正如每一位评论者所断定的那样),那我们就必须假定:人类具有某种与所有非人物种的自然能力**不连续**的能力。德瓦尔承认这个问题,他指出(在本书第146页,辛格也再次指出):"**只有**在作普遍的、公正的判断时,我们才能真正开始谈论**道德上的**赞成与反对。"

人与非人动物之间能力上最明显的不连续性存在于说话能力和理性的自

觉运用这一领域,我们倾向于认为:理性的自觉运用与人类运用语言的独特方式是密切相关的。说话的能力、语言的运用以及理性显然都与认知有关。那么,关于非人动物的认知,我们能说些什么呢?在本书的参与者中,没有一个人假定任何一种非人物种在认知上可以与人类**相匹敌**,但人类是否是**唯一**具有道德理性能力的物种——这一问题仍然存在。

这正是辩论的核心问题,正是在这一问题上,如何界定**拟人论**变成了一个热点问题。赖特特别强调拟人论问题的重要性。德瓦尔热心并小心地倡导的是一种内含批判性的谨慎的科学拟人论,他将这种拟人论与在关于动物的许多(即使是讨人喜欢的)通俗作品中所常见的那种漫无目标、感情用事的拟人论严格区别开来。在4位评论者中,没有一个人能被全然说成是"拒绝拟人"(anthropodenial)行动的倡导者;"拒绝拟人"是德瓦尔提出并使用的一个术语,指某些人拒绝承认人与其他动物之间的连续性的做法,而这种做法或许是出于对自然的审美恐惧。对于人类的独特性,许多哲学家与动物行为学家之间的争论大多是围绕下面的问题展开的,这一问题是:非人动物能否演化出某种类似于心理推测能力或读心术(Theory of Mind)的东西,也就是说,推测他者拥有与自己不同的心理内容的能力是不是人类所特有的。有些实验数据会对此问题的正反两方面都给予支持。德瓦尔指出:黑猩猩能认出镜子中的自己(这种能力具有自我意识的证据,而自我意识常常被看作心理推测能力的前提条件);由此,他对那些怀疑非人动物也有心理推测能力的人们作出了回应。他明确提请我们注意那种要求猿类能够推测**人类**心理的明目张胆的人类中心主义。但非人动物的心理推测能力问题迄今仍悬而未决;显然,这一领域还需要投入更多的研究。

基切尔与科尔斯戈德将由情感驱动的行为与人的道德行为明确区分开来,他们认为:一个人的道德行为必须以与他对自己所采取的行为[及其]方式的正当性的自我认知为基础。基切尔通过将休谟(Hume)或亚当·斯密(Adam Smith)所说的"旁观"(spectatorism)转变成一种需借助于说话能力的自我意识,进而提出了这种正当的方式。科尔斯戈德则呼吁将康德的自主的自治概念作为真正的道德的必要基础。基切尔与科尔斯戈德都将非人动物称为“任性而为者”(wantons),以帮助他们自己理解由道德哲学家法兰克福(Harry Frankfurt)在其他语境中所提出的这一概念。法兰克福的“任性而为者”概念缺乏一种机制,一种可凭之以任一连续的方式辨别各种动机的机制,而这些动机是会不时地促使他们采取行动的。由此,我们不能说任性而为者是由他们对自己想要做的行动的正当性的自觉思考所指导的。但在这一点上问题出现了:基切尔与科尔斯戈德是不是在大多数**人的**行为都达不到的水平上设置道德标杆的呢?每位哲学家都提出了一种关于人们应当怎样做才是道德的自觉的**应然性**(normative)解释,而不是我们中的大多数人在大部分时间中实际上怎样做的**描述性**(descriptive)或实然性解释。如果大多数人在他们的实际行为中都像“任性而为者”一样,那么,所有非人动物也像任性而为者一样行动的说法就不那么让人难以接受了。

同样的问题也出现在辛格对道德哲学家们所谓的“轨道车问题(trolley problems)”的讨论中。辛格对总体利益的结果主义的关注导致他认为:道德理性要求,在正常情况下,一个人应该将另一个人推到失控的轨道车前面,以挽救另5个人的生命(前提是那个人自己的体重不足以使轨道车停下来,而被推的人则有足够的体重来挡住车子)。当人们在回答在“杀一救五”的情况下一个人应该怎么做的问题时,他们的脑活动情况如何呢?辛格提到了对回答者的脑部扫描研究的结果,研究表明:那些说在那种情况下**不**应该杀人的人做判断的速度很快,而他们在做决定的那一瞬间的脑活动集中在与情感有关的脑区。那些说在那种情况下应该杀人的人则在与理性认知有关的脑区中出现了脑活动增加的现象。由此,辛格认为:他看作在道德上正确的答案就是认知理性的答案。不过,他也承认给出正确答案的人占少数:**大多数人不会**说他们会选择亲自动手杀掉一个人以挽救5个人。而且,辛格也没有引用过任何一个将他人推到轨道车前的实际案例。

关键的一点是,德瓦尔关于灵长目动物的情感反应的证据,无论是用统计学方法量化的还是照实记录性的,都**完全**是基于对实际行为的观察的。德瓦尔必须将他对灵长目动物的道德解释建立在它们实际上怎么做的基础上,因为他无从知道它们“应该”怎么做,即无从知道道德理性会对它们提出什么样的理想性要求;或者说,他无从知道它们认为在某种假定情境下它们应该怎么做。因此,这里似乎存在着一个将苹果与橘子相比的风险,即将灵长目动物的**行为**(基于量化与实录性观察的)与人类的**应然性理想**相比。当然,德瓦尔的评论者们会这样回应:关键正在于那些被比较的动物之间的差异:非人动物没有任何形式的应该如何的教条,因为它们缺乏说话、语言和理性能力。

非人动物不能对彼此或我们人类阐明何谓应然性理想。这一事实是否意味着我们得在由情感驱动的"道德"行为与人类基于理性的"真正的"道德行为之间划出一条截然分明的界线呢?如果本书的文字编辑知道这一问题的正确答案的话,那么,他或她就会知道应该将前一句话中的"道德"或"真正的"这两个词中的哪一个词所带的引号去掉了。我们对我们自己以及与我们共享这个地球的其他物种的理解,在很大程度上取决于这一选择。本书的目的之一,就是鼓励每一位读者仔细思考他或她将选择如何挥动那支想象中的编辑之笔——邀请你们中的每一个人,参加那些努力思考并热心关注灵长目动物行为的学者和那些努力思考并以同等的热心关注人类道德的学者之间的对话。本书的存在证明:这两拨学者关心并思考的问题实际上是部分重叠的。它的部分目的就在于增加这一重叠的程度,促使所有关心人类与非人动物中的善及其起源问题的人们对这一问题进行富有思想性的讨论。

篇

道德的演化

灵长目动物的社会本能、人类的道德及“饰面理论”的兴衰

德瓦尔

我们赞成或不赞成，因为我们别无选择。当火烧到我们的时候，我们能不感到痛苦吗？对我们的朋友，我们能不生同情之心吗？

——韦斯特马克（Edward Westermarck，1912[1908]：19）

为什么我们的丑恶之处是与猿猴类似的过去所留下来的包袱，而我们的善良之处就是人类所独有的呢？为什么我们不去寻找我们的“高贵”品性与其他动物之间的连续性呢？

——古尔德（Stephen Jay Gould，1980：261）

“**人对人是狼**”，这是一句因霍布斯而广为人知的古罗马谚语。尽管其所包含的基本信念已在相当程度上渗透到法学、经济学与政治学中，但这一谚语仍然有两大错误：首先，它未能公平地对待犬科动物，犬科动物是地球上群居性与合作性最强的动物之一（Schleidt and Shalter 2003）。更糟糕的是，这种说法否认了我们自己这个物种天生就有的社会本性。

社会契约论以及奠基于此的西方文明似乎深受这一假设影响：我们是自私的、甚至肮脏的动物，而不像亚里士多德所说的那样是**政治的**（Political）* **动物**。霍布斯明确拒绝亚里士多德的观点，他认为：我们的祖先一开始是各自为政并好斗的；只有当争斗所需付出的代价变得不可承受时，他们才会去建立社会共同体并过起社会生活来。按照霍布斯的观点，我们从来都不是自然而然地进入到社会生活状态的。他将此视为人类不情愿迈出的一步，且“只有在订立人为契约之后”人类才会迈出这一步（Hobbes 1991[1651]：120）。最近，对于这个观点，罗尔斯（Rawls，1972）提出了一个较为温和的版本，他加上了一句话：人类是否朝着社会性动物方向演变取决于有没有公平交换的条

---

* 西语中的“政治的（political）”一词是由古希腊语中的“城邦（polis）”一词演变而来的，因而，作为形容词的“political”原义为“城邦的”。因古典政治学主要是国家学，所以，political 的核心涵义才渐变为“政治的”。由于政治现象都是（涉及两个以上的）社会现象，因而“political”也内含着“社会的”涵义。——译者

件，即平等的个体之间的互利性合作的前景如何。

这种关于良好秩序的社会起源的观点至今仍广为流行，尽管根据我们所掌握的人类演化知识，作为这种观点之基础的天生不合群的动物会作出要结成社会的理性决定这一假设是站不住脚的。霍布斯与罗尔斯创造了一个人类社会的假象——人类社会是人们的一种有意安排，它有着经由自由、平等的人们同意的自我强加的规则。但实际上，根本不存在人类在某个时候突然开始变得合群的时间点：作为具有高度社会性的祖先——许多种前后相继、不断演化的猴与猿的后代，人类一直是过群居生活的。在人类的演化史上，自由、平等的人从来就不曾存在过。如果真能找得出一个起点的话，那么，人类从一开始就是互相依存、互受束缚、互不平等的。我们来自于一个历史悠久的实行等级制的动物世系，对于这个世系的动物来说，过群居生活并不是一种可选可不选的选项，而是一种必须采取的生存策略。任何一位动物学家都会将人类这一物种**归入不得不合群的动物之列**。

就搜寻食物及避开食肉动物而言，拥有同伴会为个体带来很大好处（Wrangham 1980；van Schaik 1983）。由于合群倾向强的个体会比合群倾向弱的个体留下更多的后代（例如，Silk et al. 2003），社会性早已在灵长目动物的身心两方面变得根深蒂固。如果人们作出了某种创建社会的决定，那么功劳应该归于大自然母亲，而不是我们自己。

这不是否认罗尔斯的“原始状态”的启发意义，它可促使我们去反思哪一种社会才是我们**想要**生活于其中的社会。他所说的“原始状态”是指一种“为了引出某种正义概念而假定具有某些特点的一种纯粹假设性的社会状态”（Rawls 1972：12）。但即使我们不在字面意义上理解“原始状态”，而只是为了方便讨论而采纳它，它仍然会使我们偏离我们所应进行的更切题的论证，即人类到底是怎样成为我们今天所是的样子的。是人性中的哪些部分将我们带上了这条路，这些部分又是如何被演化所塑造的呢？只要我们将注意力放在真实而非假设的人类的过去上，这些问题就必定会将我们带到更接近真理的地方，即：我们是彻头彻尾的社会动物。

人类是彻头彻尾的社会动物的一个很好的例证是：单独监禁是我们所能

想得到的仅次于死刑的最严厉的惩罚。当然,单独监禁只能以这种方式起作用,因为我们人类并不是天生的独居动物。我们的身体和心灵都不是为了过无人陪伴的独居生活而设计的。如果缺乏社会支持,那么,我们就会变得绝望沮丧,我们的健康就会恶化。最近的一次实验证明:在那些故意置身于感冒及流感病毒环境中的健康的志愿者里,那些鲜有朋友和家人陪伴左右的人更容易生病(Cohen et al. 1997)。尽管女性自然而然就懂得人际联络的重要性——这也许是因为具有关心倾向的雌性哺乳动物要比没有这种倾向的雌性哺乳动物繁殖得快,而这种状况已经持续了1.8亿年之久,但它同样适用于男性。在现代社会中,能使男人增寿的最有效的方式莫过于结婚并维持婚姻:婚姻使男人活过65岁的概率从65%提高到了90%(Taylor 2002)。

我们的社会结构是如此明显,以至于如果不是因为它明显缺乏法学、经济学和政治学等学科角度的起源学说的话,那么,我们就没有必要对这一点多说什么。在西方,将情感看作杂乱无章、飘忽不定、无足轻重的社会意识的倾向,已使得理论家们转向了将认知看作人类行为的首选向导。我们赞美理性。尽管心理学研究已经表明情感的重要性——人类行为首先源于快速而自动化的情感判断,其次才源于较慢的有意识的心理过程(例如:Zajonc 1980,1984;Bargh and Chartrand 1999)——但情况仍然如此。

不幸的是,对个人的自主性和理性的强调以及相应的对情感与依恋的忽视并不只存在于人文社会科学领域。在演化生物学中,也有一些人接受人类是一种自我创造的物种的观念。关于人类社会的标志之一的道德的起源,一种将理性与情感相对立的相似的辩论已经泛滥开来。有一个学派将道德看作一种唯有我们人类这一物种才能取得的文化创新。这一学派认为:道德倾向并非人类本性的组成部分。它声称:我们的祖先是因自我选择而成为有道德的生物。与此相反,第二个学派则将道德看作从人与其他动物所共享的各种社会本能中直接演化出来的产物。在后一种观点中,道德既非人类所独有的,也非某种动物在某个特定时间点上作出的一种有意识决定而是社会演化的产物。

第一种观点认为:在内心深处,我们并没有真正的道德。它将道德看作一种文化涂层，一层薄薄的装饰面板，正是这层涂层或面板掩盖了我们原本自私和野蛮的本性。直到最近，在演化生物学以及这一领域的科普作家中，这仍然是对道德的主导性解释方式。我将用“饰面理论”这一术语来指称这种观点，并将其起源追溯到赫胥黎（尽管他们显然在西方哲学和宗教中追溯得很远——一路追溯到了原罪概念）。在讨论了这种观点后，我将评述受苏格兰启蒙运动启发的达尔文（Charles Darwin）的与此截然不同的演化论道德观。我还将进一步讨论孟子与韦斯特马克的观点，他们的观点与达尔文的观点是一致的。

面对这些关于人类与其他动物间的连续性或不连续性的互相对立的观点，我在特别关注非人灵长目动物的行为的基础上，改写了一部早期专著（de Waal 1996）*，以解释为什么我认为演化论意义上的道德基石在久远的过去就已经奠定了。

---

* 此处应指德瓦尔的《性本善：人类与其他动物中的是非观念的起源》（*Good Natured: The Origin of Right and Wrong in Human and Other Animals*）一书。——译者

饰 面 理 论

人类的本性/道德——演化过程的副产品/自私的基因/自我欺骗/利己主义与利他主义

1893年,在英国牛津大学,面对大量听众,赫胥黎公开地将他对自然界的暗淡看法与人们在人类社会中会偶尔遇到的善行相调和。赫胥黎知道物质世界的规律是不可改变的。不过,他认为:如果人们将本性置于控制之下的话,那么,物质世界的规律对人的生存的影响就可以被软化或修改了。因此,赫胥黎将人类比作总是在努力清除着园中杂草的园丁。他将人类的道德看作人类在努力克服粗野而肮脏的演化过程及其结果中所取得的一个胜利(Huxley 1989[1894])。

这种观点是令人震惊的,其原因有二:首先,它故意限制了演化论的解释效力。许多人都将道德看作人区别于其他动物的本质属性,因而,赫胥黎实际上是在说:那些使得我们成为人的东西是不可能被演化论所操控的。只有通过对抗我们自己的本性,我们才能成为有道德的动物。对于一个因狂热支持演化论而被称为"达尔文的斗犬"的人来说,这实在是一种不可理喻的倒退。其次,对于人类在何处可找到那种能打败自身本性的意志和力量,赫胥黎并没有给出任何线索。如果我们的确天生就互为竞争对手、不关心别人的感受,那么,我们是如何下决心将自己改造成模范公民的呢?人们能世世代代地保持着与自己的本性不相符的行为吗?这岂不就像一群食人鱼下决心要变成一种素食动物?这样的变化会有多深远?这难道不会使我们成为外表友善而内心恶毒的披着羊皮的狼吗?

这是赫胥黎唯一一次背离达尔文。正如他的传记的作者德斯蒙德(Adrian Desmond,1994:599)所说:"赫胥黎迫使其道德方舟逆达尔文主义之流而行,而在这之前,他一直是顺达尔文主义之流而行的。”在距赫胥黎发表关于人类道德的演讲二十多年前,在《人类的由来》(*The Descent of Man*)一书中,达尔文(1982[1871])就已明确将道德归为人类的本性。赫胥黎背离达尔文的原因有二:一是残酷的自然之手使他遭受的痛苦(它夺去了他心爱的女儿的生命);二是他要使达尔文主义视野中的世界的冷酷无情合乎大众的口味。他将自然描绘成其“爪和牙都是沾着血的”,以至于只有从中去掉人类的道德并将其说成是人类的一种独特的创新,他才能坚持这种观点(Desmond 1994)。简而言之,赫胥黎说服自己走进了死胡同。

赫胥黎之所以提出将道德与自然本性、人类与所有其他动物对立起来的奇怪的二元论,是因为他想要获得一种名望——这种名望是后来的弗洛伊德(Sigmund Freud)也以同样的方式获得过的,只是,他所获得的名望比赫胥黎的更高而已。弗洛伊德的声誉鹊起,靠的是将意识与潜意识、自我与超我、爱与死等等对立起来。与赫胥黎的园丁和园子的比喻一样,弗洛伊德不仅将世界分成了对称的两半,还看到了无处不在的斗争。他将乱伦禁忌与其他道德限制解释成了强行改变原始部落自由放纵的性生活方式的结果,这种强行改变最终导致了一个霸道的父亲被其儿子们所杀(Freud 1962[1913])。他认为:文明出自对本能的克制、对自然力量的控制及对文化性超我的建构(Freud 1961[1930])。

那些“直言不讳”的赫胥黎主义者的言论至今仍被广泛引用着,这种现象表明:人类在与试图拖其下水的各种力量英勇作战——这种观点至今仍然在生物学中占据主导地位。在关于自然本性的卑劣性的著述中,威廉姆斯(Williams)声称:道德是人类与生物本性的彻底决裂;最终,他断言,人类的道德只是演化过程的一个副产品:“我将道德看作一种偶然产生的能力,它是由一种通常与之相对立的生物过程在无边的昏昧中偶然产生的”(Williams 1988:438)。

在《自私的基因》(*The Selfish Gene*)一书中,道金斯(Dawkins)认为:基因为人类这一生存机器的每个微小的轮子都设定了程序,我们的基因知道什么对于我们来说是最好的。在详尽地解释了上述问题后,直到全书的最后一句话,他才安慰我们说,其实我们可以随意地将所有的基因都扔到窗外:“在地球上,只有我们人类能够反抗基因的自私复制之暴政”(Dawkins 1976:215)。

在这句话中,道金斯赤裸裸地宣称:能与自然本性决裂是我们人类这个物种所独具的特性。最近,道金斯(1996)又宣称:我们"要比对我们自私的基因来说是好的东西更好",并明确表示支持赫胥黎:"我想说的是,在我们的政治和社会生活中,我们有权摒弃达尔文主义,我们有权说我们不想生活在达尔文主义的世界里。除我之外,许多其他人,包括赫胥黎在内,都会这样说"(Roes 1997:3;另见 Dawkins 2003)。

达尔文在坟墓中肯定不得安宁,因为道金斯等人所指的"达尔文主义的世界"与他自己所设想的相差甚远(见下文)。在这些陈述中,未见任何关于我们如何能反抗我们的基因的说明,而在其他时候,这些人又将基因描述成万能的。就像霍布斯、赫胥黎和弗洛伊德的观点一样,这种观点是彻底的二元论的,即我们部分地是自然的,部分地是文化的,而不是一个统一的整体。人类的道德被说成了不过是一层薄薄的表皮,其下沸腾的则是反社会、非道德、以自我为中心的激情。盖斯林(Ghiselin)的一句广为人知的妙语,对这种将道德看作一种装饰面板的道德观,作出了最精辟的概括:"一个口是心非的'伪君子',打的是'利他主义'的招牌,干的是损人利己的勾当"(Ghiselin 1974:247;图1)。

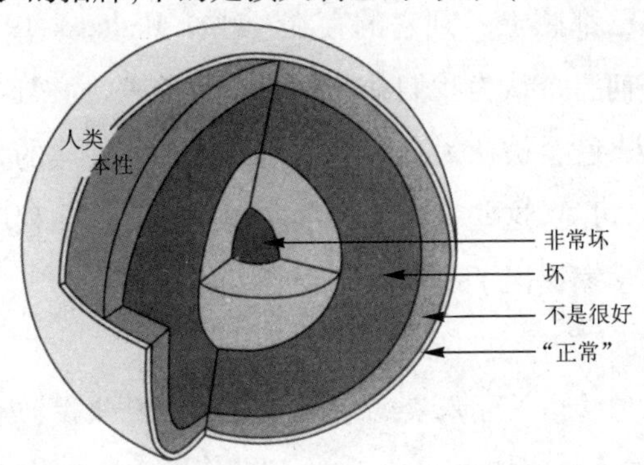

图1　盖斯林(1974:247)概括了过去的1/4个世纪里在生物学家中流行的道德观:"一个口是心非的'伪君子',打的是'利他主义'的招牌,干的是损人利己的勾当。"人类被看成是彻底地自私且嗜好竞争的,道德不过是一种事后的伪装。这种可概括为"饰面理论"的道德观,可以追溯至与达尔文同时代的赫胥黎。在该图中,人性被半开玩笑地、形象化地表达成了一个表皮光鲜但果肉与果核都已烂透了的水果。

从那以后,饰面理论因无数科学作家的努力而得到了普及。在这些科学作家中,赖特(1994)竟然声称:人类的内心根本不存在所谓的美德,人类这一物种只具有道德潜能,而非自然就有道德的。对此,也许有人会问:"对于那些偶尔在自己和他人的行为中体验到同情、善良与慷慨的人,又该做何种解释呢?"赖特仿效盖斯林的话答道:那种所谓的"有道德的动物",在根本上是伪君子:

无私的伪装作为人性的一部分,其所占的比例大概就相当于它不存在的频度。我们用高尚的道德语言来打扮自己,我们否认自己有卑劣的动机,我们强调对更大的善我们至少有最起码的考虑;我们还会理直气壮地强烈谴责他人的自私。(Wright 1994:344)

在面对这幅丑化并嘲讽人类的漫画时,我们是如何设法保持自尊心的呢?为了解释这一点,理论家们求助于自欺欺人说。如果人们认为他们有时是无私的——事实上,人们正是这么认为的,那么,他们就必须隐藏起自己的真实动机,以至于连自己都感觉不到它的存在(例如,Badcock 1986)。最终,具有讽刺意味的是,任何一个认为我们并非是在自我欺骗、觉得这个世界上的确存在着真正的善的人,就会被认为是一个以幻想来代替现实的人,并因而被指责为是在自欺欺人。可见,这些理论家将事实歪曲到了什么程度!

不过,一些科学家提出了反对意见:

常有人说:人们赞同关于人类的利他主义的这种假设,是因为他们**希望**这个世界是一个人们彼此热情友好的地方。那些推进了这一批评的利己主义与个人主义的辩护者因此而沾沾自喜;他们因能勇敢地面对并正视残酷的现实而自我赞许。在他们看来:利己主义者与个人主义者是清醒而理智的,利他主义和群体选择理论的支持者则陷入了一种令其感到欣慰的幻觉中。(Sober and Wilson 1998:8—9)

这种关于如何调解人类在日常生活中所表现出来的善与演化论之间的矛盾的拉锯式争论,看来成了赫胥黎留下的一份不幸的遗产。其实,赫胥黎对演化论并没有多少准确的理解,尽管他曾有效地回击过它的诋毁者们。用迈尔(Mayr,1997:250)的话来说:"无论如何,相信终极因、拒绝自然选择理论的赫胥黎根本就称不上是真正的达尔文思想的忠实代表人物……考虑到赫胥黎对达尔文思想的理解是多么地含混不清,他的那些关于道德的文章即使在今天仍然经常被人们当做权威性文献来加以引用——这实在是太不幸了!"

不过,应当指出的是:在赫胥黎生活的时代就已经有人强烈反对他的观点(Desmond 1994),其中,有些人是俄国生物学家,如克鲁泡特金(Peter Kropotkin)。由于西伯利亚气候恶劣,俄国科学家对动物如何抵抗自然力量的印象通常要远远深于他们对动物间互相争斗的印象,西伯利亚的生存环境所导致的结果是:动物普遍重视合作与团结,这一事实与赫胥黎关于动物间关系是"狗咬狗"的观点(Todes 1989)恰好相反。克鲁泡特金(1972[1902])遵循达尔文的思想所写的《互助论》(*Mutual Aid*)就是对赫胥黎的一个打击。

虽然克鲁泡特金没能像特里弗斯(Trivers,1971)那样用演化论的逻辑准确地阐述自己的理论(见特里弗斯关于交互式利他行为的具有里程碑意义的论文),但他们都在未引用弗洛伊德的本能压制论或文化教化论的虚言伪说的情况下,深入思考了一种其成员彼此合作并最终有道德的社会的起源问题。他们以此证明了自己是达尔文的真正追随者。

达尔文论道德

交互式回报与同时性互助/同情现象/道德的基石/演化出来的道德

演化支持那些互相帮助的动物,如果这样做,它们能比单干或与他者竞争获得更大的长远利益的话。与所涉各方可同时获利的合作[即互助(mutualism)]不同的是,交互式回报(reciprocity),或简称为互报,则是交互进行的行为,从其中的某个单次行为来看,这种行为对接受方是有利的,但对给予方来说则只是一种付出(Dugatkin 1997)。一旦给予方后来得到同等价值的回报,这种先行付出的成本(因为予取之间有时间差)就收回来了(自特里弗斯 1971 年的那篇论文发表以来,关于这一问题的讨论和处理,可参见下述内容:Axelrod and Hamilton 1981;Rothstein and Pierotti 1988;Taylor and McGuire 1988)。正是在这种理论中,我们找到避赫胥黎而远之的对道德的最早的演化论解释。

这种理论根本就不会与关于自私在演化中的作用的各种流行观念相冲突——澄清这一点具有重要意义。直到最近,才有人从英语中拣出"自私"(Selfishness)的概念,并在剔除其地方性涵义后将其应用到心理学领域之外。尽管这一术语被一些人视为利己(self-serving)的代名词,但因为某种原因,英语中的确存在表达这些彼此相关但又有差异的概念的不同术语。自私意味着**有意**为自己谋利,因而是某个个体要从某个特定的行为中获益的自觉意识。藤本植物可能显得有些自私,因为它的过度生长而缠死一棵树;但由于植物缺乏意图,因而,它们实际上不可能是自私的,除非在无意义的隐喻的意义上这样说。不幸的是,与这一术语的原始意义完全相悖的是,正是这种空洞的"自私"观念在关于人类本性的争论中占据了主导地位。我们常常听到这种说法：如果我们的基因是自私的，那么，我们就必定是自私的。但事实上，基因不过是些分子，因而不可能是自私的（Midgley 1979）。

将动物（与人类）看作各种促进自身利益的演化力量的产物并没有错，只要人们意识到：这根本就不妨碍利他与同情倾向的演化。达尔文是充分认识到这一点的，他将这些倾向解释为：它们是由群体选择而非现代理论家们所青睐的个体选择与亲缘选择（例如：Sober and Wilson 1998；Boehm 1999）演化出来的。达尔文坚信自己的理论能用于解释道德的起源问题，他并不认为演化过程的严酷与其某些产物的温良之间存在着任何冲突。即使在道德领域内，达尔文所强调的仍然是各种动物之间的连续性，而不是将人类看作超脱于生物学法则之外的物种。他说：

任何被赋予了明显的社会本能（包括亲子间的亲情）的动物，只要其智力也像人类一样已得到正常发育，就必然具有一种道德感或道德意识。（Darwin 1982[1871]：71—72）

对于这里所暗示的、达尔文在别处表达得更清楚的同情能力（例如，“许多动物无疑都会对他者的不幸或危险处境产生同情”[Darwin 1982（1871）：77]），我们很有必要作详细的阐述。因为正是在这一领域中，存在着人类与其他社会动物之间的极为明显的连续性。设身处地地感受他者的情感的能力肯定是非常基本的，因为有许多报告表明：许多种类的动物都具有这种反应，而这种反应常常是即刻发生且不可控制的。同情现象最早大概出现在（父）母亲对孩子的照料中，在这种行为中，易受伤害的幼年个体得到喂养与保护。不过，在许多种动物中，同情现象的存在范围都超出了这一领域，都已延伸到了无亲属关系的成年个体的关系中（见下文中的第4节）。

达尔文对同情的看法受到了亚当·斯密这位苏格兰道德哲学家和经济学之父的启发。关于利己行为与自私之心间的区别（这一点，我们必须搞清楚），我们有很多话可说，亚当·斯密以强调自身利益为经济学指导原则而著称的经济学家，但他也谈论过人类普遍具有的同情能力：

> 无论人被设想成多么自私,在他的本性中显然仍然存在着某些原则,这些原则使他有兴趣关心他者的命运,并使他乐意看到他者的幸福,尽管他除了看到他者的快乐外并未从中获得任何实际的东西。(Smith 1937[1759]:9)

这种倾向的演化论起源并不神秘。所有依赖于合作的物种——从象到狼和人,都表现出了忠诚于群体和帮助他者的倾向。这些倾向是在密切合作的社会生活情形中演化出来的,在这种社会生活中,他们帮助那些能给他们以回报的亲属与同伴。因此,帮助他者的冲动必然会对那些表现出这种冲动的个体具有生存价值。但由于这种冲动表现得如此频繁,以至于它已变得与推动了它的演化的那些具体结果相脱离。这使得它即使在不一定有回报的情况下——如在受益者是陌生人的情况下——也会表达出来。这使得动物的利他行为要比人们通常所设想的要更接近于人类的利他行为,并解释了那种要将伦理学暂时从哲学家们手中解脱出来的呼声(Wilson 1975:562)。

就个人而言,我仍然不信服那些需要用群体选择来解释这种倾向的起源的观点——这样做似乎与亲缘选择和交互性利他理论相距太远了。此外,在非人灵长目动物中还有很多(会带来基因流动的)群际迁徙,因而群体选择所需要的条件似乎并不具备。在所有的灵长目动物中,一种性别的年轻一代通常都会在青春期来临时离开它们所出生的那个群体,并加入到邻近群体中去(Pusey and Packer 1987)。在许多猴子中,青春期迁徙的是雄性;在黑猩猩与波诺波中则是雌性。这意味着:灵长目动物群体在基因上绝不是孤立的,这会使得群体选择不大可能发生。

在讨论什么构成了道德的基础时,实际行为不如作为其基础的能力来得重要。例如,与其说分享食物是构建道德的基石,不如说那种作为食物分享之基础的能力(如高度的宽容,对他者需求具有敏感性,交互式交换)才是道德的基石。蚂蚁也分享食物,但作为其基础的推动力与那种使得黑猩猩或人分享食物的推动力可能相差很大(de Waal 1989a)。达尔文是懂得这种区别的,他总是在实际行为之外寻找作为其基础的东西——情感、意图和能力。换句话说,问题不在于动物是否彼此友好相待,其行为是否符合我们的道德标准。真正重要的问题是,它们是否拥有交互式利他和报复、实施社会规则、解决争端以及拟他性同心等的能力(Flack and de Waal 2000)。

这也意味着:那些呼吁在我们的日常生活中拒绝达尔文主义以建立一个有道德的社会的人,实际上深深地误解了达尔文的本意。因为达尔文本人是将道德看作演化的产物的,他所设想的世界要比赫胥黎及其追随者们所认为的宜于生存得多,而后者则是相信一种完全是在文化层面上强加的、人为的道德的,这种人为的道德与人的自然本性毫无关系。赫胥黎的世界远比达尔文的世界冷酷得多,也可怕得多。

韦斯特马克

报答性情感/道德情感与道德选择/交互式利他行为/饰面理论与演化论

韦斯特马克是瑞典裔芬兰人,生于1862年,卒于1939年。在任何一种关于道德起源的争论中,他都处于核心地位,因为他是第一个同时从人类与其他动物、文化与演化多方面思考这一问题的人,也是第一个提出了相应的综合性观点的学者。在其有生之年,他的思想未能得到人们的充分赏识是可以理解的,因为他的思想是对将身体与心灵、文化与本能对立起来的西方二元论传统的一种公然反抗。

韦斯特马克的书是枯燥的理论推演、细致的人类学描述和二手动物故事的奇特混合。作者渴望在人类与动物的行为之间建立联系,但他自己的工作又完全集中在人身上。由于那时几乎还没有关于动物行为的系统研究,因而,他不得不依靠趣闻轶事。例如,一只骆驼因为四处游荡或在岔路上走错了路,而在多种场合被一个14岁的赶骆驼的少年过分地殴打,于是,它产生了复仇心理。骆驼顺从地接受了惩罚,但几天之后,它发现身上的货被卸掉了,一身轻松地站在路上,与那个少年单打独斗起来:它"用它的巨嘴咬住那个倒霉的男孩子的头,把他高举在空中,而后又把他甩到地上,他的头骨的上部已完全开裂,脑浆撒了一地。"(Westermarck 1912[1908]:38)。

我们不应该随意摒弃这种未经证实的报告:在动物园中、尤其是在有猿和象的动物园中,这种迟来的报复的故事比比皆是。现在,我们有系统的数据表明:黑猩猩是如何用另一些负面行为来惩罚先前的负面行为的(德瓦尔与勒特雷尔将这种现象称为"复仇系统",见 de Waal and Luttrell 1988),一只被群体中占优势地位的成员所攻击的猕猴又是怎样转而去攻击那个成员的某个比自己年幼且体弱的亲属的(Aureli et al. 1992)。这些反应都在韦斯特马克所说的基于报答性情感的行为的范围之内,但对于他来说,“报答”一词的涵义超出了通常的报复之义。它还包括正面的情感,如感激及相应的回报性服务。韦斯特马克将报答性情感看作道德的基石,并预见到现代会出现关于演化伦理学的讨论。在那时,他就已经就报答性情感的起源问题发表了看法。

韦斯特马克的伦理学思想是一种历史悠久的传统的一个组成部分,这种传统可以追溯到亚里士多德与阿奎那(Thomas Aquinas),它坚定地将道德与我们人类的自然倾向和欲望联系在一起(Arnhart 1998,1999)。在人类或其他动物的行为中,情感占据着某种核心地位;众所周知,情感有助于促进人类的理性思维,而不是理性的对立面。人们可以按其所愿地思索与权衡,但是,正如神经科学家所发现的,在面对选择时,如果没有对被选对象的情感态度,那么,人们将永远无法作出一个决定或确定某种信念(Damasio 1994)。这对道德选择来说是至关重要的,因为无论如何,道德都需要以坚定的信念为基础。而这些信念不会或不可能来自冷静的理性,它们需要以对他人的关心和关于是非善恶的强有力的“直觉感受”为基础。

韦斯特马克(1912[1908],1917[1908])逐一讨论了被他之前的哲学家尤其是休谟(1985[1739])称为“道德情感”的东西。他将报答性情感分为两种,即来自愤怒与不满的情感(这种情感寻求复仇与惩罚)和更正面的亲社会的情感。然而,在他所生活的时代,有关动物的道德情感的例子鲜为人知,所以他只好引用摩洛哥骆驼的故事;而现在我们知道:在灵长目动物的行为中,这一类的事例多得是。他还讨论了“宽恕”与忍让,他讨论了在挨过一巴掌后转过另一边脸去让人打之类的忍让,在何种程度上是一种被普遍赏识的姿态。在打过架后,黑猩猩们都会拥抱与亲吻,这种和解行为是有助于维护种群内部的和平的(de Waal and van Roosmalen 1979)。关于灵长目动物和其他哺乳动物如何解决冲突的文献已越来越多(de Waal 1989b,2000;Aureli and de Waal 2000;Aureli et al. 2002)。和解与宽恕并不是一回事,但这两者显然具有相关性。

韦斯特马克也将保护他者不受攻击的行为看成是由他称为"同情性愤怒"的情感所引起的,这意味着这种行为是以对他者的认同及拟他性同心为基础的。在猴与猿以及许多其他会向亲属与朋友伸出援手的动物中,保护他者以使之免遭攻击是一件寻常不过的事情。关于灵长目动物行为的文献可为我们提供关于联合与联盟的详实描述,在这些文献中,有些人认为:联合与联盟是灵长目动物社会生活的标志,也是灵长目动物演化出如此复杂的、需要高度的认知能力与之相适应的社会的主要原因(例如,Byrne and Whiten 1988;Harcourt and de Waal 1992;dc Waal 1998[1982])。

同样,友善的报答性情感("以愉快回报愉快的愿望",Westermarck 1912[1908]:93)也与我们现在称为交互式利他的行为具有明显的相似性,例如:以同样的方式回报曾给予自己以帮助的个体的倾向。韦斯特马克把道德赞同当做一种友善的报答性情感,因而,这种赞同也是交互式利他现象的一个组成部分。在关于演化伦理学的现代文献中,这种观点先于关于"间接性交互式利他"的讨论,而这种讨论是围绕着大型社群中的信誉建设而展开的(例如,Alexander 1987)。在韦斯特马克这个瑞典裔芬兰人一个世纪前的著作中,当代作者所提出的那么多问题都已被他以略有不同的术语表达过了,这实在令人惊讶!

在韦斯特马克的工作中,最富有洞见的部分或许是:他试图找到是什么决定了一种有关道德的情感是道德的。在此,他表明:这种情感要比原生的直觉感受来得复杂。他解释道:这种情感"因其无私性、明显的公正性以及普遍性而不同于同源的非道德情感"(Westermarck 1917[1908]:738—39)。感激与愤恨之类的情感直接关系到一个人自身的利益——他或她被如何对待了,或者他或她希望如何被对待,因而,这种情感过于以自我为中心,不可能是道德的。道德情感应该与一个个体的当下处境分离开来:它们所反映的是一种更为抽象、更无私水平上的善与恶。只有当我们就**任何一个人**应该如何被对待作出具有普遍意义的判断时,我们才能开始谈论道德上的赞同与反对。正是在亚当·斯密(1937[1759])喻之为"公正的旁观者"的这一特定领域中,人类才显得比其他灵长目动物高出了许多。

第4节与第5节讨论了人类的道德与灵长目动物的行为的两个主要支柱之间的连续性问题。拟他性同心与交互式回报已被看作道德的主要“先决条件”(de Waal 1996)或“基石”(Flack and de Waal 2000),但正如我们所知的那样,它们根本就不足以产生道德,尽管它们对道德的产生是不可缺少的。* 如果没有交互式利他行为及对他人的情感上的兴趣,那么,有道德的人类社会就是不可想象的。这为探讨达尔文所设想的**人与其他动物在道德上的**连续性提供了一个具体出发点。有关饰面理论的争论对这一探讨十分重要,因为有些演化论生物学家已经严重背离了达尔文的上述连续性思想,他们将道德看作只有人类这个物种才能拥有的一种复杂的伪装。实际上,这种观点是没有根据的,而且,它还妨碍了我们对人类是如何变得有道德的这一问题的完整理解(表1)。在此,我旨在通过对实际经验数据的直接评析来澄清这一问题。

表1 饰面理论与作为社会本能之产物的演化论道德观的比较

	饰面理论	道德演化论
创始人	赫胥黎	达尔文
拥护与倡导者	道金斯,威廉斯,赖特,等等。	韦斯特马克,威尔逊,海特(Jonathan Haidt),等等。
类型	二元论,将人类与其他动物相对立,将文化与本性相对立。将道德看作一种人为的选择。	统一论,假定人类的道德与动物的社会倾向之间存在着连续性。道德倾向被看作演化的产物。
所提出的转换	从非道德的动物到有道德的人类。	从社会动物到有道德的动物。

* 此处的“道德”应是指某些哲学家所设想的具有普遍意义的道德,即脱离了具体当事者和具体利害关系的对任何当事者都普遍适用的道德观念和准则。——译者

（续表）

	饰面理论	道德演化论
理论	处于寻求理论状态。没有解释为何人类要比“对其自私的基因来说是好的东西”更好，也没有说明这一了不起的成就是如何完成的。	亲缘选择理论、交互式利他理论以及关于亲缘选择和交互利他的衍生现象（如公平、信誉建设、冲突解决）的理论就社会动物如何转变为有道德的动物而提出了设想。
经验证据	无	1. 心理学：人类的道德具有情感和自觉能力上的基础。 2. 神经科学：道德困境在情感上激发了相关脑区的活动。 3. 灵长目动物行为：作为人类的近亲，灵长目动物表现出了许多已被纳入到人类的道德中去的社会倾向人类道德中的倾向。

动物的拟他性同心能力

拟他性同心/演化上的连续性/同情/安慰行为/知觉—动作机制/俄罗斯套娃模型

演化很少会“抛弃”什么。结构只是经过转变而被改良,从而承担起其他功能,或被“调整”为朝着另一个方向演化,这就是达尔文所说的改良式继承。就这样,鱼类的前鳍变成了陆栖动物的前肢;随着时间的推移,前肢又演变成了蹄、爪、翅、手和蹼。偶尔,一种结构也会失去所有的功能从而成为多余的,但这是一个渐进的过程,它往往终止于退化的痕迹,而不是完全消失。在鲸的皮下,我们可以发现微小的腿骨的痕迹;在蛇的身上,我们也可以发现残余的骨盆。

这就是为什么生物学家会那么喜欢俄罗斯套娃这种玩具,尤其是在它有某种历史维度的时候。我有一个俄罗斯套娃,它的最外面一层雕的是俄罗斯总统普京(Vladimir Putin),再往里,我们会依次看到叶利钦(Yeltsin)、戈尔巴乔夫(Gorbachev)、勃列日涅夫(Brezhnev)、赫鲁晓夫(Kruschev)、斯大林(Stalin)和列宁(Lenin)。在普京里面发现一个小列宁和小斯大林并不会让大多数政治分析家感到惊讶。同样,这一情形也适用于生物的性状:在新的性状中总是保留着原有性状的痕迹。

这与拟他性同心之起源的争论有关,因为心理学家往往比生物学家更倾向于用多种不同的眼光来看世界。心理学家有时会把人类的最高级性状置于某种令人崇敬的地位,而忽视甚至否认作为其前身的较为简单或低级的性状。因此,至少在与我们自己这一物种有关时,他们相信跳跃式的变化。这会导致一些令人难以置信的起源故事,例如将语言说成是由人脑中所独有的一个“模块”产生的(如 Pinker 1994),从而将人类与其他动物在语言方面的不连续性看成是理所当然的;而人类的认知则被看成了是起源于文化的(如 Tomasello 1999)。的确,人类的许多能力达到了令人目眩的高度,例如:在我理解你理解我所理解的东西及诸如此类的情况下,人类所表现出来的能力。但我们并不是天生就具有这种被现象学家称为"多重的拟他性同心"的能力的。从发展与演化的角度看,高级形式的拟他性同心能力是由某些先在的较为初级的能力发展而来的。事实上,情况可能与某些人所设想的恰恰相反。有人认为:语言与文化是随着我们这一物种中的某种大爆炸而出现的,而后语言与文化又改变了我们相互联系的方式;但 2004 年格林斯潘(Greenspan)与尚卡尔(Shanker)提出:语言与文化来源于母亲与孩子之间的早期情感联系和"最原始对话"的观点(参见 Trevarthen 1993)。拟他性同心能力很可能是语言与文化的起点,而不是终点。

生物学家更喜欢自下而上而非自上而下的解释,哪怕明明存在可供后者发挥作用的空间。一旦出现更高阶的过程,他们就会在此基础层面上对过程做修改。中枢神经系统是一个自上而下的过程的一个很好的例子,如在控制中,前额叶皮层会对记忆施加影响。前额叶皮层虽不是记忆的安身之地,但它可以"命令"记忆进行检索活动(Tomita et al. 1999)。同样,语言与文化可以塑造拟他性同心的表达方式。尽管"是……的起源"和"塑造"之间存在着根本区别,但我会在此表明我的主张:拟他性同心是个体间联系的前语言的原初形式,语言与文化对个体间联系的影响是后发的,也只是次要的。

自下而上的解释是与大爆炸理论相对立的。这种解释的前提是假定过去与现在、儿童与成年人、人类与动物、甚至人类与最原始的哺乳动物之间存在着演化上的连续性。我们可以假设:拟他性同心最初是在父母养育与关爱子女的活动中演化出来的;对于哺乳动物来说,父母对子女的养育与关爱是必不可少的(Eibl-Eibesfeldt 1974[1971];MacLean 1985)。人类的婴儿通过微笑与哭泣发出身心状态的信号,以唤起其照料者的关注及行动(Bowlby 1958)。其他灵长目动物同样如此。这种互动活动的生存价值是显而易见的。例如,一只雌黑猩猩会因为耳聋而不能根据婴儿的叫声纠正她与婴儿之间的相对位置(如坐在婴儿身上或倒提着婴儿),从而接二连三地失掉孩子,尽管十分关爱自己的孩子(de Waal 1998[1982])。

对诸如拟他性同心这样的人类特性,一种如此普遍且在生命早期就已出现(见 Hoffman 1975;Zahn-Waxler & Radke-Yarrow 1990)、并显现出了如此重要的神经与生理相关性(见 Adolphs et al. 1994;Rimm-Kaufman & Kagan 1996;Decety and Chaminade 2003)及基因基质(Plomin et al. 1993)的特性,如果人与其他哺乳动物之间不存在演化上的连续性,那的确是会让人感到奇怪的。然而,在其他动物中可能也存在拟他性同心与同情现象,这一点在很大程度上一直是被忽视的。这种现象的部分原因在于对拟人化的过分忧虑,这种忧虑对动物的情感研究已产生严重阻碍作用(Panksepp 1998;de Waal 1999,附录一);另一部分原因则在于生物学家将自然界片面地描述成了一个格斗场,而不是各种生物在其中建立社会关联性的场所。

什么是拟他性同心?

社会性动物需要协调行动与动作,共同应对危险,传递有关食物与水的信息,并帮助那些需要帮助的个体。在很大范围内,动物们都会对同伴的行为状态作出响应,例如:在一个鸟群中,若有一只鸟受到**捕食者**的惊吓而飞走,那么,整个鸟群就都会立即飞走。再如:当自己的幼儿在树上啜泣时,猿妈妈就会返回来,并将自己的身体置于两棵相临的树之间,架起一座桥来帮它脱离困境。第一种情况是一种类似于反射的恐惧传递,这种传递可能并不包含对是什么引发了最初的反应的了解,但毫无疑问,那是一种生存适应行为。那些未能与其他个体在同一瞬间起飞的鸟或许就会成为捕食者的午餐。加之于关注他者之上的选择压力是巨大的。那个猿妈妈的例子则涉及更多的认知成分,这些成分包括:听到孩子啜泣时的焦虑、推测孩子陷于困境的原因并试图改变这种局面。

有充分的证据表明:在发生战斗时,灵长目动物会帮助其他个体,给予帮助的个体会用手臂抱住先前被攻击的个体,或对被攻击者的不幸作出其他的情感反应(下文将有评述)。事实上,几乎所有非人灵长目动物之间的交流都被认为是以情感为媒介的。我们都了解人类面部表情对表达情感的突出作用(Ekman 1982),而对于有着与人类同源的各种表情的猴与猿(van Hooff 1967)

来说，它们的表情对其情感的表达是意义十分重大的。

当一个个体的情感状态在另一个体中引发出一种与之相同或密切相关的情感状态时，我们会说那是“情绪感染”(Hatfield et al. 1993)。这种感染无疑是一种很基础的现象，但它仍有着超出只是一个个体被另一个个体的状态所影响的东西，即两个个体常常会直接互动起来。因此，一个被拒绝的幼儿可能会尖叫着在母亲的脚边发起脾气来，或者，一个更会讨“人”喜欢的家伙可能会靠近一个食物拥有者，并用会引起同情的面部表情、声音与手势等方式来乞讨。换句话说，情感与动机常常会在针对某个伙伴的行为中表现出来。因此，对他者的情感效应该是一种被有意积极寻求的目标，而不是一种副产品。

随着自我和他者的区别意识和对造成他者的情感状态的确切境遇的估测能力的增强，情绪感染终于发展成了拟他性同心。拟他性同心包含了情绪感染——没有情绪感染，就不可能出现拟他性同心，但拟他性同心又有着超出了情绪感染的地方：它在他者和自己的状态之间设置了过滤器。在人类中，直到两岁左右，我们才开始出现这些认知性层次(Eisenberg and Strayer 1987)。

与拟他性同心相关的机制有两种，即**同情**与**自囿性悲情**(personal distress)；在社会效果上，这两者是彼此对立的。同情可被界定为：“一种为处于困苦中的他者而悲伤或担忧的情感反应(而非这与他者完全相同的情感)。同情被认为涉及以他者为中心的**利他**动机”(Eisenberg 2000:677)。而自囿性悲情则使得当事者自私地寻求减轻**自己的**悲情，这种悲情是与其在对象中所觉察到的悲情相似的。因此，自囿性悲情与引发他者的拟他性同心活动的情况无关(Batson 1990)。关于何为自囿性悲情感染与排解，德瓦尔举出了灵长目动物中的一个相关典型事例(1996:46)：一个受严厉惩罚或被拒绝的猕猴幼儿的尖叫声，常常会使得其他幼儿靠近与拥抱他，或骑爬在他身上，甚至堆叠在他上方。由此看来，该幼儿的困苦扩散到了其同龄者身上，于是，那些同龄者开始寻求接触以疏解他们自身的紧张。由于自囿性悲情缺乏对他者的处境和需求的认知性评估和彼此行为上的互补性，因而，它并未超出情绪感染的水平。

大多数关于动物认知的现代教科书(如 Shettleworth 1998)都未提及拟他

性同心或同情,但这并不意味着这些能力就不是动物生活的基本组成部分;而只意味着它们被传统上重视个体能力而非个体间互动能力的科学所忽视了。例如,使用工具和计数的能力被看作智力的标志,而适当地对待他者的能力则不是。但显而易见的是:生存往往取决于动物在群体内过得如何,无论是在合作意义上(如协调一致的行动、彼此传递信息),还是在竞争意义上(如权术、欺骗)。因此,正是在**社会**生活领域中,每一个体才会期望自己拥有最高的认知能力。自然选择肯定一直在支持着可些用来估测他者的情感状态并迅速给予回应的机制。拟他性同心正是这样一种机制。

在人类行为中,拟他性同心与同情之间存在着密切关系,而且,它们还可以用心理上的利他意向(psychological altruism)的形式表达出来(见 Hornblow 1980; Hoffman 1982; Batson et al. 1987; Eisenberg and Strayer 1987; Wispé 1991)。假设其他动物尤其是哺乳动物的利他与关心反应依赖于相同的机制是合理的。当赞恩-威克斯勒曾逐户走访的形式做过调研,她让那些家庭中的其他成员在孩子们面前作出悲伤(啜泣)、疼痛(哭号)或困苦(哽咽)的样子,并观察孩子会作出何种回应,结果她发现:一岁多一点的孩子就已经会安慰他人了。由于同情表达在我们这个物种的几乎每个成员的生命早期就已出现了,因而,这种表达就像婴儿迈出的第一步那样自然。然而,这项研究中出现的一个意外"花絮"是:家养宠物也会像孩子一样对处于"困境"中的家庭成员表现出忧虑。他们会徘徊在这些成员身边,或把头靠在他们的膝上(Zahn-Waxler et al. 1984)。

对他者的情感作出反应的能力根源于个体之间(尤其是幼弱者对成年者)的依恋和哈洛(Harlow)称为"情感系统"的东西(Harlow and Harlow 1965),因而,对社会动物来说,这种反应能力是再寻常不过的了。正因为如此,行为与生理学的研究数据表明:在许多物种中,都存在着情绪感染的现象(见 Preston and de Waal 2002b 及 de Waal 2003 中的相关评论)。20 世纪 50 年代与 60 年代,在几位实验心理学家写的有趣的文章中,作者将"拟他性同心"与"同情"都加上了引号。在那个时代,谈论动物的情感是一种禁忌。在一篇名为"野鼠对他者的痛苦的情感反应"(Emotional Reactions of Rats to the

Pain of Others)的颇具挑战性的论文中,丘奇(Church,1959)证实:"野鼠能学会通过按压杠杆来获取食物,若按压杠杆的行为会导致邻近的野鼠遭受电击,那么,它们就会停止这样做。"尽管这种自制很快就习惯化了,但它表明了一点:野鼠不愿看到他者的痛苦反应。也许,这种痛苦反应在看到它的野鼠那里引起了负面的情感。

猴表现出了比野鼠更强的自制能力。猴的拟他性同心能力的最有力证据来自威克金(Wechkin)等人(1964)和麦瑟曼(Masserman)等人(1964)。他们发现:如果拉链条会使得某个同伴受到电击的话,那么猕猴就会拒绝拉那根可给它们提供食物的链条。在看到拉链条会使同伴受电击后,一只猕猴连续5天没有拉链条,另一只猕猴则停了12天。这些猕猴的确宁愿自己挨饿也不愿给其他猕猴造成痛苦。这种牺牲行为与紧密型的社会系统及这些猕猴间的情感联系有关,这一点是受相关发现支持的:不去伤害他者的自制现象在互相熟悉的个体之间表现得比在互不熟悉的个体之间更明显(Masserman et al.)。

尽管这些早期研究表明,动物们会以某些行为方式来试图减轻或阻止他者所遭受的痛苦,但目前尚未搞清楚的是,对不幸的同类的自发反应是否可以解释成:(1)对来自他者的痛苦信号的厌恶;(2)由情绪感染而产生的自囿性痛苦体验;或(3)真正的帮助动机。对非人灵长目动物的研究工作已提供了进一步的信息。在这些证据中有些是定性的,但这些定性证据也存在关于拟他性同心反应的量化数据。

"换位思维"的实例

在耶基斯(Yerkes,1925)、雷兑吉纳-寇兹(Ladygina-Kohts,2002[1935])、古多尔(Goodall,1990)、德瓦尔(1998[1982],1996,1997a)等的著作中,我们都可发现关于灵长目动物的拟他性同心与利他现象的生动描绘。关于灵长目动物的拟他性同心现象,资料已经非常丰富,以至于奥康奈尔(O'Connell,1995)能在成千上万份定性报告的基础上对此作出内容分析。她得出的结论是:猿对他者的困苦的反应看起来要比猴的反应复杂得多。为了说明猿的拟他性同心反应有多么强,雷兑吉纳-寇兹写下了发生在她自己所养的年轻黑猩猩乔尼(Joni)身上的故事,她说:让乔尼从她家的屋顶上下来的最好的(比任何奖赏或惩罚的威胁都要好得多的)办法就是唤起他的同情心:

> 如果我假装哭泣——闭上眼睛并作出擦眼泪的动作,那么,乔尼就会马上停止他*正在做的游戏或任何其他活动,而后从屋子里我最不容易够到、也是我再呼唤与恳求都不能让他下来的地方,如屋顶或他的笼子的顶板,带着一脸兴奋、气喘吁吁地迅速朝我跑过来。他围绕着我急切地转来转去,似乎在寻找那个冒犯我的家伙;他看着我的脸,温柔地用掌心托住我的下巴,并轻轻地用他的手指抚摸我的脸,似乎在试图搞明白到底发生了什么事,他转过身去,将脚趾头攥成拳头的样子。(Ladygina - Kohts,2002 [1935]:121)

德瓦尔(1996,1997a)认为:除了情感上的连通性外,猿还有评估他者的状况以及在一定程度上采用他者的视角来思考问题的能力(见附录二)。因此,猴和猿之间的主要区别不在于拟他性同心**本身**,而在于猿高出猴的那些认知层次,这使得猿能够采取他者的视角。关于这一点,有一个令人印象深刻的报告,即关于英格兰特怀克罗斯动物园中的一只雌波诺波对一只鸟产生拟他性同心现象的报告:

---

*关于人与猿(包括长臂猿、大猩猩、猩猩及潘属猿——黑猩猩与波诺波)的关系,德瓦尔的结论是:“我们与他们之间的关系就不仅仅是他们是我们最亲近的亲戚,而且,我们就是他们中的一员!……人与猿的关系只存在两个选项,即:要么我们是他们中的一员,要么他们是我们中的一员。”(见 De Waal, Frans. *Bonobo: The Forgotten Ape*. University of California Press,1997. p. 5)由于德瓦尔等动物行为学家已将人与猿尤其是潘属猿看作同科乃至同属的兄弟姐妹物种,因而,为了忠实地传达出德瓦尔关于人猿关系的思想,本书中凡是指称猿尤其是潘属猿的人称代词都按照相应英文单词(He, She, They)的字面意义直译为“他”、“她”、“他们”或“她们”,而不是按照中文表达或翻译的传统习惯将这些词译为“它”或“它们”。——译者

有一天,库尼(Kuni)抓住了一只因撞晕而掉到地上的八哥。那八哥看起来并未真正受伤。动物园管理员怕库尼会去玩弄那只晕过去的鸟,因而催着库尼让那只鸟走……库尼用一只手捡起那只八哥并带着它爬上了那棵最高的树的最顶端,在那里,她用双腿缠住树干,用腾空的双手握住那只鸟。而后她小心翼翼地拉开那只鸟的翅膀并将它的翅膀完全展开,她一只手托着一只翅膀,用尽全力将鸟投向圈养区的围栏之外。但不幸的是,飞了没多远,那只鸟就掉了下来,并落在了护河的岸上。库尼下了树,跑到河岸上,在那儿,她长时间地守护着那只八哥,以防好奇的少年来抓它或伤害它。(de Waal,1997a,p. 156)

库尼所做的事对她自己所属物种的成员显然并不适宜。看来,在多次看过鸟儿飞翔之后,她知道对于鸟儿来说什么是好的,从而为我们展示了一种与人相似的拟他性同心能力;对于这种拟他性同心能力,亚当·斯密(1937[1759]:10)曾很经典地将其描述为“在想象中与遭受苦难者换个位置”,即“换位思维”。也许,关于这种能力的最突出的例子是一只黑猩猩所做的利他行为,这只黑猩猩即普雷马克与伍德若夫(Premack & Woodruff 1978)所做的最早的心智理论实验中的那个受试者,他似乎理解他者的意图并为之提供具体帮助:

荷兰阿纳姆动物园,某个冬季期间,在清洗完大厅之后放出黑猩猩之前,管理员要把圈养区中的所有的橡胶轮胎都冲洗干净,然后将轮胎依次挂在从攀爬架上伸出来的水平方向的木头上。有一天,雌黑猩猩克娆姆(Krom)对一只后面有水的轮胎发生了兴趣。不巧的是,那个轮胎位于那排轮胎的最后面,在它前面挂着6个或更多个重型轮胎。克娆姆对那个她想要的轮胎拉了又拉,但无法将轮胎从木头上取下来。她又将轮胎朝后推,结果,那轮胎撞到了攀爬架,她还是无法把它取下来。为这事,克娆姆徒劳地折腾了十多分钟。其间,除了杰基(Jakie),其他黑猩猩都没理她。杰基那时7岁,在他小的时候,克娆姆曾经照料过他。

等克娆姆放弃努力并走开后，杰基立即靠近那个地方。就像任何一只聪明的黑猩猩都会做的那样，他毫不犹豫地将那些轮胎一个接一个地从那根木头上推下来——从最前面的那个开始，然后是第二个，第三个……当剩下最后一个轮胎时，他小心翼翼地将它取了下来，因而没有弄掉其中的一点水。他将轮胎径直挪到他的阿姨身旁，将它直立地放在她的面前。克娆姆接受了他的礼物，但并没有对他表示任何特别的感谢。杰基走了后，她用手掬起了轮胎中的水。(改编自 de Waal 1996)

杰基帮助他的阿姨一事并不稀奇。但稀奇的是他猜中了克娆姆想要干什么，即他理解他阿姨的行动目标。这种所谓的"有针对性的帮助"几乎是猿类所特有的，而在大多数其他动物中，这种现象则是罕见的或不存在的。它被定义为针对他者具体需求的利他行为。这一定义(不仅适用于通常情况)也适用于异常情况，例如，在曾经被广为宣传的菊阿(Binti Jua)的案例中，一只雌大猩猩在芝加哥的布鲁克菲尔德动物园救了一个人类的孩子(de Waal 1996, 1999)。最近的实验表明：年轻的黑猩猩中也存在"有针对性的帮助"现象(Warneken and Tomasello 2006)。

有必要强调的是，猿令人惊讶地具有对需求帮助作出回应的能力，这使得这种动物会为了他者而承担很大的风险。然而，在最近的一场关于道德起源的辩论中，卡根(Kagan, 2000)却认为：一只黑猩猩显然不会跳进冰冷的湖水中去救另一只黑猩猩。这种论断是否成立呢？让我们来引述一下古多尔(Goodall, 1990: 213)的相关论述，这或许会有助于澄清这一问题：

在一些动物园中，黑猩猩是被圈养在有护河环绕的人工岛上的……黑猩猩不会游泳，一旦掉进深水区，他们就会被淹死，除非被人救出来。尽管这样，黑猩猩有时还是会作出英雄壮举式的努力以拯救溺水的同伴，有时还真的成功了。有一次，一位不称职的黑猩猩母亲让自己的一个婴儿落进了水中，一个成年雄黑猩猩试图去救那个孩子，但他却在救的过程中丢了自己的命。

除了猿外,能对他者的需求帮助作出回应的动物就只有海豚和大象了。这方面的证据也主要是描述性的(海豚:见 Caldwell and Caldwell 1966;Connor and Norris 1982;大象:见 Moss 1988;Payne 1998),不过,在此,我们仍很难将下述现象看作只是巧合,即那些观察过这些动物一段时间(无论多久)的科学家都会碰上很多这样的故事,而那些只观察过除猿、海豚和大象外的其他动物的科学家则很少会碰上这样的故事,即使偶尔也真的会有。

安慰行为

对被称为"安慰"的行为的系统研究已证实猴与猿在拟他性同心能力上的差异,最早记录这种行为的是德瓦尔与范·罗斯马伦(de Waal and van Roosmalen,1979)。安慰被定义为一个未介入冲突的旁观者对先前的攻击性事件中的争斗者之一进行的安抚与劝慰。例如,作为第三方的个体走向战斗中的失败者,轻轻地将手臂环绕在他或她的肩膀上(图2)。我们不应该将安慰与前文所述的对手间的和解相混淆,因为和解看来主要是出于利己的动机,例如:修复一种已经受到一定损害的社会关系的必要性(de Waal 2000)。安慰行为之于安慰者的好处,目前仍然处于完全未搞清楚的状态。安慰者可能会

图2 黑猩猩中的一个典型的安慰实例。图中,一只未成年黑猩猩将一条手臂环绕在一只刚在一场战斗中被打败了的正尖叫着的成年雄黑猩猩身上。摄影者:德瓦尔。

不带任何负面效应地离开现场。

关于黑猩猩中的安慰行为的信息已得到了很好的量化。在对数百次冲突后行为的观察资料进行分析后，德瓦尔与范·罗斯马伦(1979)得出了他们的结论，德瓦尔与奥雷利(1996)也做了同样但涉及更多样本的分析，他们试图测试两种相对简单的预测。如果第三方接触的确有助于减轻冲突参与者的沮丧，那么，这种接触就应该更多地指向被攻击者而不是攻击者，就应该更多地指向激烈攻击中的被攻击者而不是温和攻击中的被攻击者。通过将第三方接触率与基线水平进行比较，研究者们发现：上述两种预测都是受观察资料的统计结果支持的(图3)。

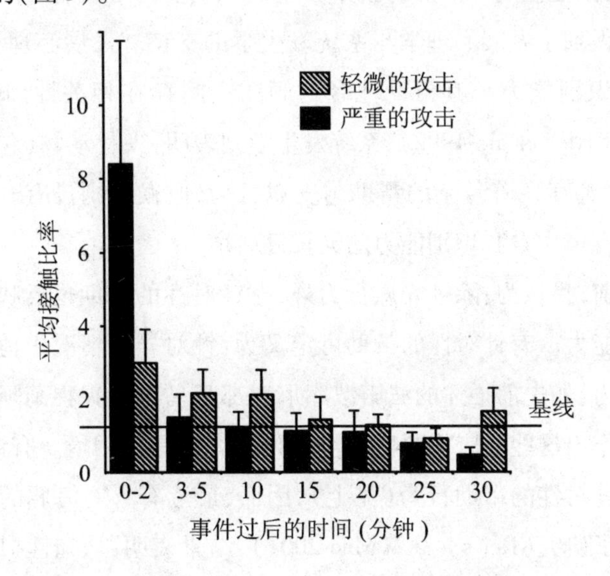

图3　在黑猩猩中第三方与攻击中的受害者接触的比率，以及严重与轻微攻击的受害者之间的比较。尤其是在事件发生后的最初几分钟内，严重攻击中的受害者会得到比基线水平更多的接触。本图根据德瓦尔与奥雷利(1996)的数据绘制。

迄今，安慰行为只在猿中得到了证实。当德瓦尔与奥雷利(1996)用曾在黑猩猩身上用过的完全相同的观察方法来检测猕猴的安慰行为时，他们没能找到任何的安慰行为的迹象(见 Watts et al. 2000)。这一结果实在令人惊讶，因为采用基本相同的数据收集方法的和解研究已显示:许多物种中都有和解现象。那么,为什么安慰行为就只限于猿呢?

也许,若没有高度的自我意识,个体就不会有认知性的拟他性同心的能力。回应特定的有时异常的状况的有针对性的帮助行为可能需要对自我与他者作出区分,这种区分使主体得以分清自己的状况与他者的状况,但又保持着可促动主体行为的情感联系。换句话说,为了理解间接体验到的情感之根源不是自己的而是他者的,为了理解造成他者当时处境的原因,个体需要明确区分自我与他者。基于这些假设,盖洛普(Gallup,1982)第一个作出这样的推测:认知性的拟他性同心能力与镜中自我的识别能力之间存在着相关性。这一观点同时得到了发展心理学与系统发生学的支持。发展心理学表明:幼儿的镜中自我识别能力与其帮助他者的倾向之间存在相关性(Bischof-Köhler 1988;Zahn-Waxler et al. 1992);系统发生学则表明:人科动物(包括人类在内的各种猿)中都存在着复杂的帮助与安慰行为,但猴中则没有。而人科动物也是唯一具有镜中自我识别能力的灵长目动物。

在此之前,我认为:除了安慰行为外,有针对性的帮助也反映了认知性的拟他性同心能力。有针对性的帮助可定义为:针对异常情况中他者的特定需求的利他行为,如先前描述的波诺波库尼对那只鸟或大猩猩菊阿救人类的孩子的反应。作出这些反应需要懂得需要帮助者的具体困境。有证据表明:海豚能作出有针对性的帮助行为(见上),因而,最近有人对海豚的镜中自我识别能力进行了研究(Reiss and Marino 2001),结果表明:认知性拟他性同心能力与自我意识的强弱具有正相关性。

俄罗斯套娃模型

有人将拟他性同心解释成一种认知活动,这种理解甚至到了这种程度:猿,更不用说其他动物,可能都缺乏这种能力(Povinelli 1998;Hauser 2000)。这种观点将拟他性同心等同于心理状态自居和心理推测能力。但在最近的关于自闭症儿童的研究中,相反的观点也得到了辩护。先前相反的观点假设是:自我中心状态反映了心理推测能力的低下(Baron-Cohen 2000);心理推测能力通常是在4岁时出现的,在4岁前,人的自我中心特征是很明显的。威廉姆斯(Williams)等人(2001)认为:自我中心主义的主要缺陷会影响社会情感能力水平,社会情感能力水平又会反过来对复杂的下游形式的人际知觉(如心理推测)产生负面影响。因此,心理推测能力被看成是一种派生的特性,威廉姆等作者呼吁:应更多地关注它的来源。现在,拜伦-科恩(Baron-Cohen,2003,2004)接受了这种观点。

普雷斯顿和德瓦尔(2002a)提出:拟他性同心能力的核心是一种相对简单的机制,这种机制使一个观察者("主体")通过自己的神经与身体表达获得进入另一个个体("客体")的情感状态的通道。当主体关注客体的状态时,主体的类似状态的神经表达就会自动启动。主体与客体越亲近、越相似,主体的知觉激活运动神经及与客体相匹配的自主反应(如心率、皮肤导电性能、面部表情、身体姿态等变化)的过程就越容易。这种激活使主体得以抓住"表皮下"的客体[的身心状态],分享客体的感情和需求,而这种分享又倒过来促进了同情、怜悯与帮助行为。普雷斯顿与德瓦尔(2002a)提出的知觉—行为机制(PAM)与达马西奥(Damasio,1994)提出的情感的身体标志假说以及最近的知觉与行为在细胞水平上的联系的证据(例如"镜像神经元",见 di Pelligrino et al. 1992)相符。

知觉与行为共同承担表达的观点根本就不是什么新鲜的观点,它可以追溯到关于拟他性同心的第一部论著——《拟他性同心》(*Einfühlung*)。德语中用来表达"拟他性同心"概念的词是"*Einfühlung*",翻译成英语即"empathy"(Wispé 1991)。"Einfühlung"的字面意思是"置入式感受",即:设身处地、感同身受。当利普斯(Lipps,1903)谈论"*Einfühlung*"时,他指的是按照知觉—动作机制所提出的同样路线对另一个个体的感受的**内模仿**(inner mimicry)。拟他性同心是一种常规的不由自主的过程,这一点已被下述实验所证实:人在面对人类的面部表情照片时,其面部肌肉会出现不可见的收缩,但它可用肌电图显示出来。这种反应完全是自动发生的,即使在人们不知道他们所看到的东西是什么的情况下也会出现(Dimberg et al. 2000)。将拟他性同心解释成一种高级认知过程,忽视了这种反应的直觉性,这种反应的速度过快,以至于不可能被置于有意识的控制之下。

知觉—动作机制以运动知觉而为人们所知(Prinz and Hommel 2002),这一机制使得研究人员假定情感知觉也有作为其基础的类似过程(Gallese 2001;Wolpert et al. 2001)。数据表明:无论观察他者的情感还是体验自己的情感,都涉及共同的生理基底物:**看到**别人的厌恶或痛苦非常类似于自己**被**别人厌恶或自己处于痛苦中(Adolphs et al. 1997,2000;Wicker et al. 2003)。此外,情感交流会在主体与客体身上引起相似的生理状态(Dimberg 1982,1990;Levenson and Reuf 1992)。总之,人的生理活动与神经活动并不是孤立地发生的,而是与同伴密切相关并受同伴影响的。对拟他性同心的神经基础的最近的研究为知觉—动作机制提供了强有力的支持(Carr et al. 2003;Singer et al. 2004;de Gelder et al. 2004)。

德瓦尔(2003)用俄罗斯套娃模型描述了简单形式的拟他性同心是怎样与相对复杂的拟他性同心相联系的。根据这一模型,拟他性同心涉及一个个体的情感状态影响另一个个体的情感状态的所有形式,在该模型中,居于核心地位的是基本的机制,处于外层的则是更高级的机制与认知能力(图4)。在

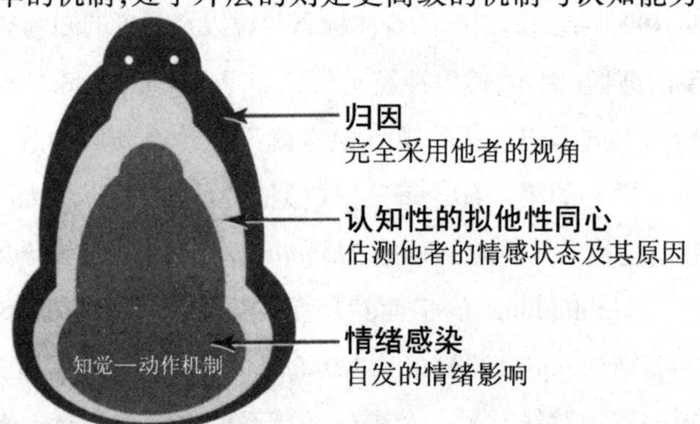

图4　根据俄罗斯套娃模型,拟他性同心涉及导致主体与客体产生相关情感状态的所有过程。其核心是一种简单的、自动的知觉—动作机制,该机制会在个体间引起相匹配的即刻发生且通常无意识的心理状态匹配过程及结果[即情绪感染]。建立在这一与生俱来的[神经生理与心理机制]基础之上的更高层次的拟他性同心有两种,即认知性的拟他性同心(即理解他者的情感之因)和心理状态自居(即完全采用他者的视角,从而就他者的当前境况产生完全他者立场的各种意识活动)。俄罗斯套娃模型表明:每一种相对外层的东西都需要以相对内层的东西为基础。本图根据德瓦尔(2003)关于拟他性同心的观点绘制。

俄罗斯套娃模型中,自我中心状态会反映在有缺陷的相对外层中,但这些外层的缺陷总是可以追溯到有缺陷的相对内层。

这并不是说较高认知水平上的拟他性同心与基础层次上基于知觉—动作机制的情绪感染不相干,而是说拟他性同心是建立在这一坚固的内在基础之上的,没有它,我们就会茫然不知是什么感动了他者。当然,并非所有的拟他性同心都可还原为情绪感染,但拟他性同心绝不可能离得开情绪感染。在俄罗斯套娃模型的中心,我们发现了一种由知觉—动作机制引起的与客体的情感状态相一致的主体的情感状态。在这一模型的第二层中,认知性的拟他性同心意味着对他者的困境或状况的估测(参见 de Waal 1996)。主体不仅要对客体发出的信号作出回应,还要在他者的行为与处境中寻找相关的线索,以理解这些信号之所以产生的原因。认知性的拟他性同心使考虑到了他者的特定需求的有针对性的帮助得以可能(图5)。这些反应已大大超出情绪感染的范

图5　认知性的拟他性同心(即与对他者处境的估测结合在一起的拟他性同心)使针对他者的需求的帮助成为可能。在这一案例中,当孩子尖叫并请求后,黑猩猩母亲会朝她的儿子伸出手去,以帮助他从树上下来(见手势)。有针对性的帮助可能需要区分自我与他者,这种区分自我与他者的能力也被认为是以镜中自我的识别能力为基础的;而镜中自我的识别能力,迄今为止,只在人类、猿类和海豚[等少数动物]中才可见到。摄影者:德瓦尔。

围,但如果没有情感成分所提供的动机,那么,这些反应就难以解释。没有情绪感染,我们就会像《星际迷航》(*Star Trek*)中的斯波克(Spock)先生一样处于一种与他者相隔绝的状态,从而不断地为他者为何能感知他们的所言所感而困惑。

猴(及许多其他社会性哺乳动物)中看来显然存在着情绪感染及有限的有针对性的帮助现象,其中,后一种现象在**发生的概率和针对性上**,远不如在类人猿中来得大或强。例如,在日本地狱谷猴园中,初为母亲的猕猴会被猴园看护者挡在温泉之外,因为:由于经验不足,这些母猴偶尔会使自己的婴儿淹死在水中。当她们浸泡在池中时,她们可能会忘了去留意她们的孩子。猴妈妈们显然得花时间去学习做这件事,这表明:她们并不能自动地就会从后代的角度去思考问题。德瓦尔(1996)将她们的行为变化归因为"习得的行为调整",并将其与认知性的拟他性同心区别开来,后者更多地是猿与人区别于其他动物的典型特征。猿妈妈们会立即对其后代的特定需求作出适当回应。她们会非常小心地让孩子与水保持距离,一旦孩子离水太近,她们就会冲过去将其拉开。

综上所述,拟他性同心并不是一种要么全有要么全无的现象:它涉及多种情感联动模式——从非常简单和自动化的模式到高度复杂的模式。合乎逻辑的做法看来应该是:先去努力弄懂广泛存在的拟他性同心的基本形式,而后再去探讨认知演化在这一基础上所建构的拟他性同心的各种变化形式。

交互式利他行为与公平

分享/感恩/公平意识/社会规则性意识

黑猩猩与僧帽猴是我研究得最多的两种特色鲜明的动物，它们是在母子关系之外的个体之间也分享食物的极少数灵长目动物中的两种（Feistner and McGrew 1989）。僧帽猴是一种小型灵长目动物，容易作为研究对象与人相处；相对于僧帽猴来说，体力比人强许多倍的黑猩猩则要难相处得多。这两个物种的成员都会对其他个体的食物感兴趣，并时不时地会分享食物——有时，它们甚至会主动用手递一块食物给另一个体。不过，食物分享大多数是被动的。在这种情况下，一个个体会用手去触碰另一个体所拥有的食物，而那个食物拥有者则会放手让对方拿。与大多数动物相比，即使是被动的食物分享也依然富于物种特色，因为对大多数动物来说，类似的情况就会引起一场战斗，或者，食物就会被居于优势地位者所占有，根本就不会出现任何的分享现象。

黑猩猩中的感恩与回报现象

为了看看个体 A 对个体 B 所做的有益行为如何影响个体 B 对个体 A 的行为，我们研究了涉及食物分享的行为序列。我们预计：个体 B 将回报给个体 A 以有益行为。然而，食物分享实验存在着一个问题，即在作为实验基础的面向整个群体的供食时间过去后，食物分享的动机发生了变化（那些动物因吃饱了而对食物不感兴趣了）。因此，我们不能把食物分享当做实验中需要衡量的唯一变量。我们将不受食物消费量影响的另一种社会服务也列入到了观察与测量的目标中。我们所选的这种社会服务就是先于食物分享的个体之间的（梳毛、抓痒、捉寄生虫等）毛皮护理活动。我们在上午测量了发生在黑猩猩中的数百次自发的毛皮护理活动的频率和持续时间。在这种观察结束后半小时内,从中午前后开始,我们给那些猿两捆绑得紧紧的树叶与树枝。观察者们仔细记录了近7000次有关食物的互动行为,并按德瓦尔(1989a)确定的严格定义将数据输入计算机。结果,我们在数据库中发现:黑猩猩自发服务的频率与持续时间超过了任何一种其他非人灵长目动物的相应数据。

我们发现:成年个体更容易与先前曾经给他们做过毛皮护理的个体分享食物。换句话说,如果个体A上午给个体B做过毛皮护理,那么,在这一天的后来的时间中,B就会比平时更有可能与A分享食物。不过,该结果可有两种解释。第一种是"好心情"假说:根据这一假说,一个得到了毛皮护理的个体会处于一种亲切和善的心情状态,这种心情会使得他们不加选择地与任何个体分享东西。第二种解释是直接交换假说:根据这种假说,得到护理的个体会特意与护理者分享食物,以此来回报他。观察数据表明:食物分享次数的增加是针对先前的护理者的。换句话说,黑猩猩们记得那些曾给他们提供过某种服务(毛皮护理)的他者,并会以更多地与他们分享食物的方式来回报这些个体。此外,食物拥有者对朝其靠近的个体的气势汹汹的抗议,也更多地是冲着那些未曾给他们做过毛皮护理的个体,而不会或不太会冲着那些先前给他们做过毛皮护理的伙伴。这些证据充分证明了特定伙伴间的交互式交换理论的正确性(de Waal 1997b)。

在非人动物的交互式利他行为的所有现有的事例中,从认知角度来看,黑猩猩中用护理换食物的行为似乎是最高级的。我们的数据强有力地证明了:在黑猩猩中,存在着一种基于记忆的机制。在给予好处与接受好处之间存在着显著的时间差(从半小时到两小时);因此,是否给予好处是根据先前的互动情况而定的。除对过去事件的记忆外,我们还需要假定:对一种已接受了的服务(如毛皮护理)的记忆,会引发服务接受者对给予者的肯定态度;在人类中,这种心理机制就叫做"感恩"。特里弗斯(1971)对交互式交换情况下的感恩现象作出了预测,邦尼(Bonnie)与德瓦尔(2004)则对这种现象进行了探讨。韦斯特马克(1912[1908])将感恩归为一种"报答性的善意情感",在他看来,这种情感是人类道德必不可少的心理基础之一。

猴的公平意识与求公平行为

在合作行为的演化过程中,行为者将自己的付出与回报同他者的付出与回报相比较或许是个关键点。如果期望落空,那么,行为者就会随之产生负面反应。最近出现的一种理论认为:对不平等的厌恶可以在理性选择模型(Fehr and Schmidt 1999)框架内解释人类的合作行为。同样,具有合作性的非人物种的行为看来也是受一系列关于合作结果与资源使用权的期望指引的。德瓦尔(1996:95)提出了一种**社会规则性意识**(sense of social regularity),他将这种社会规则性意识定义为:"一个个体对自己(或他者)应如何被对待以及资源应如何被分配的方式的一系列期望。每当现实背离这种期望并对某一个体不利时,一种负面反应就会随之而起,其最常见的形式就是地位低的个体的抗议和地位高的个体对他者的惩罚。"

一个个体关于他者应该或不应该如何做的意识在根本上是自我中心的,尽管与行为者亲近的个体(尤其是其亲属)的利益可能会被考虑到(因而,这是对他者的附带性的包容)。值得注意的是,那些期望并不是特定的,而往往是具有物种特色的。例如,由于猕猴生活在严格等级制的社会中,他们不会期望分享居于优势地位者的食物,但黑猩猩肯定会这样做,如果对方不肯分享,那么他们就会乞讨、发牢骚或发脾气。在我看来,期望是动物行为中尚未被研究过的最重要的课题之一。由于期望能使动物行为达到离"应该"最近的地方,而在道德领域中,我们分明看到了这种"应该",因而,这一问题迄今未被研究过的现状就更加令人遗憾了。

我们利用僧帽猴的判断能力及对价值的反应能力来探索他们的期望。从先前的研究中,我们知道僧帽猴容易学会为代币确定一定的价值。而且,他们还能用这种被确定价值的代币来完成简单的物物交换。这使我们得以用一种测试来搞清楚僧帽猴对不平等的反感的来龙去脉,这一测试是:若两只僧帽猴支付同等价值的代币来获得奖赏,但其中的一只获得的奖赏比另一只获得的多或高,那么,那只获得奖赏少或低的僧帽猴对自己的同伴会有什么反应。

我们给僧帽猴两两配对,然后看他们在自己的伙伴完成与自己同样的物物交换却得到比自己更好的奖赏时的反应。这一实验的基础部分是由交换构成的，在实验中，实验者给被试者一个代币，当猴把代币交给实验者时，他就会得到某种奖赏(图6)。在每一次实验中，每一只猴都得做25次交换，被试者在每一次交换前都能看到自己的伙伴刚刚完成的交换情况。我们给被试者的食物奖赏多种多样，从他们通常都乐意为之工作的价值较低的奖赏(如黄瓜片)，到所有被试者都特别喜欢的价值较高的奖赏(如葡萄)。所有被试者都得参加以下测试：(1)公平测试(ET)，在这种测试中，被试者与伙伴做同样的工作，得到同样的低价值食物；(2)不公平测试(IT)，在这种测试中，付出同样多的伙伴得到的是较高的奖赏(葡萄)；(3)付出控制测试(EC)，这种测试是用来搞清楚付出所起的作用的，在这种测试中，被试者的伙伴免费或无偿地获

图6 在测试室中，一只雌僧帽猴正在用右手将代币交给实验者，与此同时，它又用左手托稳那只人类的手。本图由布拉格(Gwen Bragg)与德瓦尔根据录像中的某一镜头绘制。

得了价值较高的葡萄;(4)食物控制测试(FC),这种测试是用来搞清楚奖赏对被试者行为的影响的,在这种测试中,实验者只让另一只僧帽猴看得见葡萄却不给它。

得到价值较低的奖赏的个体会既表现出被动的负面反应(如:拒绝交换代币,对奖赏置之不理),又表现出主动的负面反应(如将代币或奖赏扔出来)。与两个个体得到同样奖赏的测试相比,在自己的伙伴得到更好待遇的情况下,僧帽猴是极不愿意完成交换或接受奖赏的(图7;Brosnan and de Waal 2003)。如果伙伴无须工作(交换)就能获得更好的奖赏,即"不劳而获"的话,那么,僧帽猴就会更频繁地拒绝参与交换。当然,总是存在着这种可能性:被试者只对价值较高的食物有反应;伙伴所(免费或不免费)得到的东西并不影响他们的反应。不过,在食物控制测试中,在只是把高价值的奖赏让另一只猴看到却不给它的情况下,僧帽猴对这种高价值食物的出现的反应就会显著减少;从高价值的奖赏落到一个真正的伙伴手里时所看到的情况看,这是一种反

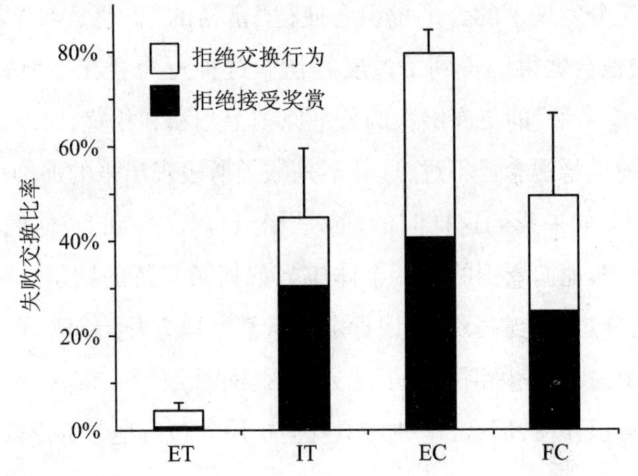

图7 接受四种测试的雌僧帽猴所表现出来的不交换行为的平均百分比 ± 交换失败的平均值的标准误差。其中,黑条代表因拒绝接受奖赏而出现的不交换的比例;白条代表因拒绝交还代币而出现的不交换的比率。ET = 公平测试,IT = 不公平测试,EC = 付出控制,FC = 食物控制。Y 轴显示的是不交换行为的百分比。

向的变化。显然,被试者对被一个同类真正消费掉的高价值食物与只是可见的同一种食物作了区分,这种区分强化了他们对前一种食物的拒绝(Brosnan and de Waal 2003)。

由此看来,僧帽猴是通过将自己获得的奖赏与可提供的奖赏、自己的付出与他者的付出相比较来衡量奖赏的价值的。尽管我们的数据还不足以弄清这些反应的确切的动机基础,但我们可以推定一种可能性的存在,那就是:与人类一样,猴类的行为也是受社会情感的引导的。在人类中,这些被经济学家称为"热情"的情感引导着个人对付出、收益、损失的反应以及对待他人的态度(Hirschleifer 1987;Frank 1988;Sanfey et al. 2003)。与那些以专制的等级制为特征的灵长目动物(如猕猴)相反的是,具有发达的食物分享与合作特性的宽容物种(如僧帽猴)可能有着关于奖赏分配与社会性交换的充满感情的期望,正是这种期望导致了它们对不公平的厌恶。

在谈论猴类中的"公平"之前,我们应当指出这种公平与人类中的公平之间的差异。充分发展了的公平意识会使得"富裕的"猴愿意与"贫穷的"猴分享东西,因为他会觉得他得到了过度补偿。这种行为会在韦斯特马克(1917[1908])称为"无私"的更高层次的公平原则上与私利相背,因而,它所表现出来的是真正的道德观念。不过,这并不是猴类所表现出来的那种反应,尽管他们的公平意识(如果我们这样叫的话)是相当自我中心的。他们表现出了一种他们自己而非他们周围的每一个体应当如何被对待的期望。同时,我们也不能否认:充分意义上的公平意识肯定已从某个地方开始起步了;而要寻找公平意识的起源,找自我可谓找对了地方。因为:从逻辑上讲,一旦有某种自我中心形式的意识存在,那么,这种意识就会扩展到包容他者的形式。

孟子与情感的至关重要性

礼尚往来/恻隐之心/同情冲动/理性计算

太阳底下从来都没有多少新鲜事。韦斯特马克对无论正面的还是负面的回报性情感的重要性的强调,使人想起孔子的一句话:当有人问是否有句话可以作为一个人一生所奉行的信条时,孔子答道:“礼尚往来。”*礼尚往来当然是道德的金科玉律之核心,至今它仍然当之无愧的是人类道德的精髓。在这一道德规则背后,作为其心理基础的,除了必需的拟他性同心外,还有另一些心理因素,而这些心理因素可能也存在于其他物种之中;了解这一点,有助于我们增强对下述主张的信心,即道德并非是一种近代的发明,而是人类本性的一个组成部分。

孔子的追随者孟子(公元前372—前289年)在其一生中写了大量关于人的善良本性的文章。孟子3岁丧父,其母亲想方设法让他受到了最好的教育。在中国,孟母至少与她的儿子一样出名,至今,她仍因自己对孩子的绝对奉献而被人们看作良母的典范。由于影响力巨大,孟子被称为仅次于孔子的“亚圣”。与前人相比,孟子有一个革命性、颠覆性的信念,他强调:统治者应有让老百姓生活有保障的义务。他的著作被刻写在竹简上,通过他的弟子及弟子们的学生代代流传下来。他的著作表明:对人类是否天生就有道德的问题的讨论,的确是自古有之。在与告子的一次辩论中,孟子(见《孟子》,未注明出版日期,第270—271页)对告子的观点(它会使人联想到赫胥黎的园丁与花园之喻)表示反对。

---

* 其涵义与英文中的reciprocity相同,即“交互式利益交换或互报”。——译者

告子说:性,犹杞柳也。义,犹桮棬也。以人性为仁义,犹以杞柳为桮棬。

孟子答道:

子能顺杞柳之性而以为桮棬乎?将戕贼杞柳,而后以为桮棬也?如将戕贼杞柳而以为桮棬,则亦将戕贼人以为仁义与?率天下之人而祸仁义者,必子之言夫!

孟子相信:人之倾向于善就像水往低处流一样自然。这一点也可从下面这段话中看明白,在下面这段话中,他试图根据道德情感(如同情)的即时性来排除弗洛伊德的动机和感觉到的动机的二分,即已表现出来的动机和感觉到的动机的可能性,也消除了曲解的可能性:

所以谓人皆有不忍人之心者,今人乍见孺子将入于井,皆有怵惕恻隐之心,非所以内交于孺子之父母也,非所以要誉于乡党朋友也,非恶其声而然也。由是观之,无恻隐之心,非人也。(《孟子》,未注明出版日期,第78页)

孟子的这一例证不禁使我们想起韦斯特马克的名言("对我们的朋友,我们能不生同情之心吗?")和亚当·斯密的话("无论人被设想成多么自私……")。上述三种说法的核心思想是:在看到别人的痛苦时所产生的悲悯之情是一种我们几乎或根本无法控制的冲动。就像反射一样,它在一瞬间就抓住了我们,在那种时候,我们根本就没时间来权衡利弊。这三种说法都暗示了一种诸如知觉—动作机制的不由自主的过程。值得注意的是,孟子所提出的可能的在恻隐之心之外的考虑行为所能带来现实效果的其他动机,在通常以声誉建设为题的现代文献中也扮演重要角色。当然,一大不同是,考虑到同情冲动的即时性和强度,孟子认为那些先考虑现实效果再去救人的解释太牵强,因而不予采纳。他说:在别的时候,操纵或顾虑公众的想法是完全可能的;

但在一个孩子掉到井里去的那个特定时刻,则完全没有这种可能。

我完全赞同孟子的观点。演化造就了遵循真诚合作冲动的物种。我不知道在内心深处人们是善还是恶,但我认为:每个人的每一个举动都是出于自私的计算,而他又对别人(且常常对自己)隐瞒了这种计算——这种看法似乎就太高估了人类的智力,更不用说其他动物的智力了。除了前面已讨论过的安慰受挫折者、保护他者以使其免受攻击的动物界中的事例外,还存在着大量关于人类的拟他性同心与同情能力及现象的文献,这些文献通常都支持孟子的观点,即在这种事情上,首先出现的是同情冲动,而理性的考虑则是后来的事情(例如,Batson 1990;Wispé 1991)。

社 群 关 怀

演化压力/社群意识/理性在道德判断中的作用/"贝多芬错误"

在这篇文章中,我已对关于人类本性是善还是恶的两个思想流派作了鲜明对比。其中一个流派将人们看作在本质上是邪恶与自私的,因而,对他们来说,道德只是一种文化上的遮丑布。这一流派以赫胥黎为代表,他们的观点至今仍然在流行,尽管我已注意到:没有人(即使是那些明确赞同这种观点的人)喜欢被称为"饰面理论家"。这可能是由于措辞的原故,或是因为一旦饰面理论背后的假设被揭穿,人们就会看得很明白:这一理论对我们如何从非道德的动物演变为有道德的动物不能提供任何解释,除非有人像高塞尔(Gauthier,1986)这样的现代霍布斯主义者那样,愿意走纯粹理性主义的路线。这一理论与情感过程是道德判断背后的驱动力这一证据是相冲突的。如果人类的道德真能被还原为计算与推理的话,那我们会与精神病患者差不多;对于精神病患者来说,当他们表现出实际的善行时,他们的确是没有想要行善的动机的。我们中的大多数人都希望自己比这种状况要好一点。因此,对于我将饰面理论与另一将道德奠基于人的本性之上的学派做如此黑白分明的对比,有些人可能会有反感。

这一学派将道德看成是自然地出现在我们这一物种之中的,并认为与道德相关的各种能力的出现与存在是有充分的演化论根据的。不过,这一用来解释从社会动物到有道德的人的转化的理论框架还只是由一些零碎的东西拼凑而成的。它的**理论**基础是亲缘选择理论和交互式利他理论,但显然,其理论基础还有待加入其他的东西。如果一个人钻研过声誉建设、公平原则、拟他性同心以及冲突的解决(详见此处不便评述的多种不同文献)等问题,那么,关于道德是如何产生的,或许,他有望朝着提出一种更具综合性的理论这一目标迈出可喜的一步(见 Katz 2000)。

还应当指出的是,那些促成我们的道德倾向的演化压力可能并不全都是正面的。毕竟,道德在很大程度上是一种小团体现象。通常,人们对待外人的态度要比对待自己所属的社群的成员的态度差得多:事实上,道德规则看来很难适用于圈外。诚然,在现代出现了一种扩大道德规则适用圈的运动,有时这一适用圈甚至包括敌方战斗人员(如 1949 年开始实施的《日内瓦公约》),但我们都知道:这种努力是多么地脆弱。作为一种与其他典型的适用于群体内部的能力,如解决冲突、合作、共享等相伴共生的现象,道德很可能是作为一种群体现象演化出来的。

不过,每一个体最初的忠诚对象并非群体,而是其自身及其近亲。随着社会一体化程度和基于合作的相互依赖性的增强,共同利益开始浮出水面,因而,作为一个整体的社群也成了人们必须面对的一个问题。在人类道德的演化过程中,跨越最大的一步是个体从关注个体间的关系转向关注群体的利益。在猿试图缓和与其他个体间关系的努力中,我们可以看到这一现象的开端。在猿中,两个雄性之间发生一场战斗后,雌性可能会将它们带到一块,从而作为中间人促成一场和解;地位高的雄性也常常会以不偏向于任何一方的公平的方式阻止其他个体间的战斗,从而促进群体内的和平。我把这种行为视为**社群关怀**(Community Concern)的一种反映(见 de Waal 1996),这种社群关怀又反映了在相互合作的氛围中每一个群体成员都分享着的社群的共同利益。如果社群分崩离析的话,那么大多数个体都会遭受巨大的损失,因此,他们会对社群的完整与和谐感兴趣。勃姆(Boehm 1999)讨论过类似的问题,他提到了社会压力(至少在人类之中)的作用:只有在奖励巩固群体的行为并惩罚破坏群体的行为的基础上,一个社群才能正常运作。

显然,能给社会动物带来社群归属感的最有效的力量是对外"人"的敌意。它会迫使通常互相不和的各种因素团结起来。这种现象或许不会在动物园中看到,但对于会表现出致命的社群间暴力行为的野生黑猩猩来说,它无疑是这样的一个因素(Wrangham and Peterson 1996)。在我们人自己这一物种中,一个群体内的人联合起来共同抗敌是再明显不过的事了。在人类的演化过程中,或许正是对外在群体的敌意将群体内部的团结提高到了出现道德现象的程度。我们并不像猿类所做的那样,只是致力于改善周围的各种关系,此外,我们还有着关于社群的价值以及社群所具有或应具有的高于个体利益的优先性的明确的教义。在这方面,人类要比猿类走得更远,这就是为什么我们人有道德体系而猿类没有的原因(Alexander 1987)。

因此,具有深刻讽刺意味的是,我们最高贵的成就——道德竟然与我们最卑鄙的行为——战争有着演化上密切的关系。道德的产生所需的社群或共同体意识是由战争提供的。当我们越过互相冲突的个体利益与共同利益之间的分界点时,我们便逐步加大了社会压力,以确保每一个体对共同利益都有所贡献。

演化论的道德观将道德看作(社会动物的)合作倾向顺其自然地发展的产物。如果我们接受这种道德观的话,那么,做一个有道德的人,并不是通过发展出一种关爱他者的道德观念来反对我们自己的本性;而文明社会也并不像赫胥黎(1989[1894])所认为的那样,是一个被挥汗劳作的园丁所制服的原本失去了控制的花园。道德观念从一开始就与我们同在,而那个园丁,正如杜威所中肯地指出的,是个让植物自然生长的有机种植者(或者说,是一个类似于有机种植者的让人顺应自己的社会本性自然成长的自然主义者)。这个成功的园丁创造了环境条件并引进了合适的植物种类,对这块特定的土地来说,这些植物或许并不是常态的,“但从总体上看,它们还是在正常的自然之物的范围内”(Dewey 1993[1898]:109—110)。换句话说,当我们做有道德之事时,我们并不是在以伪善的方式欺骗任何人,而是在做顺应某些比我们这个物种更古老的社会本能的决定,尽管我们给这些决定加上了一种人所特有的复杂性——对他人和整个社会的无私关怀。

休谟(1985[1739])将理性看作情感的奴隶。在遵循休谟思想的基础上,海特(Haidt,2001)呼吁对理性在道德判断中所起的作用做一次彻底的重新评估。海特认为:对大多数人来说,其行为的正当性看来都是在**事后**才出现的,也就是说,是在人作出基于快速而自动化的直觉性道德判断之后才出现的。

而强调人类独特性的饰面理论则预测,道德问题是由在演化上新近出现在我们大脑中的组织(如前额叶皮层)来解决的,但神经显像结果表明:道德判断实际上涉及很大范围的脑区中的,从演化史来看,其中的某些脑区是非常古老的(Greene and Haidt 2002)。总之,神经科学看来是支持这一观点的,即:人类的道德是在哺乳动物的社会性的基础上演化出来的。

我们赞扬理性,但到了紧要关头,就很少看重它了(Macintyre 1999)。在道德领域中,尤其如此。请想象一下这样的情景:一个外星人顾问向我们下达杀人指令——一旦有人得了流感就立即杀死他。在这样做的时候,我们会被告知:比起任由流行病传染所造成的死亡人数来说,我们为了阻止传染而杀死的人要少得多。通过将流感消灭在萌芽状态,我们可以拯救许多的生命。这听起来似乎合乎逻辑,但我很怀疑我们中会有多少人会选择执行这个计划。因为人类的道德是牢固地建立在以拟他性同心为核心的社会情感的基础上的。情感是我们行动的指南。我们有着不杀我们自己所属群体中成员的强烈禁忌,我们的道德决断也反映了这种情感。基于同样的理由,人们也会反对那种涉及亲手对他者造成伤害的道德决策(Greene and Haidt 2002)。这或许是因为:亲手实施的暴力行为要受制于自然选择,而纯粹理性的功利主义式考虑则不受制于自然选择。

儿童(心理)研究也为直觉主义的道德研究途径提供了支持。发展心理学家曾一度认为:最初,儿童是通过对惩罚的恐惧和受称赞的愿望来学习不同行为的道德差别的。与饰面理论一样的是,他们也将道德看作外来的,是由成人强加给一个被动而本性自私的孩子的。孩子们被认为是通过接纳父母的价值观来构建一个超我即道德层面上的自我的。如果任由孩子们自行其是,那么他们就永远不会获得任何与道德相近的东西。不过,现在我们知道:其实,从幼小的时候起,孩子们就懂得道德原则(如"不能偷窃")与文化习俗(如"在学校里不得穿睡衣睡裤")之间的差异。显然,他们懂得打破某些规则会伤害到他人并会使他人痛苦,而打破其他规则只不过是违反了群体中人们关于什么是适当的期望。他们的态度看来并不纯粹建立在奖励与惩罚的基础上。尽管事情已经很清楚——到1岁时,幼小的孩子就已经会自发地安慰处于不幸中的他人(Zahn-Waxler et al. 1992),而在此后不久,他们便开始通过与同一物种的其他成员的互动,从而发展出一种道德视角(Killen and Nucci 1995);然而,许多儿童手册却仍然将幼小的孩子描绘成以自我为中心的怪物。

为了制造出人工的道德之"杯与碗",我们不应"对柳树施暴"(正如孟子所说),而应依靠某种自然成长的过程;在这种过程中,朴素的情感——如在年幼的孩子与其他社会动物中可见到的那些情感,就会发展成我们看作道德基础的更加精致的关涉他者的情感。在此,我自己的观点显然是围绕着人的社会本能与人的近亲(即猴和猿)的社会本能之间的连续性而展开的,但我觉得我们正站在一个更大的理论转变的门口,这一转变将以坚定地将道德置于人的本性的情感核心之内而完成其使命。休谟的思想将再度回归!

在20世纪的最后1/4个世纪中,为什么演化生物学偏离了这条道路呢?为什么道德被看成是非自然的?为什么利他主义者被描绘成了伪君子?为什么在关于道德的辩论中情感被弃之一旁呢?为什么会有人呼吁人们去与自己的本性作对、还呼吁人们不要相信"达尔文主义的世界"呢?答案就在我所说的"**贝多芬错误**"(Beethovenerror)中。据说,贝多芬(Ludwig van Beethoven)创作出了许多美妙而复杂的曲子;同样,自然选择过程与其许多产物之间也没有多大关联。"贝多芬错误"是指这样的想法:既然自然选择是一个残酷无情的淘汰过程,那么,它就只能产生残酷无情的动物(de Waal 2005)。

但自然的"压力锅"并不是以那种方式工作的。它只是一贯地给那些生存并繁衍下来的生物以支持。至于生物是如何做到这一点的则尚不清楚。任何生物,只要它通过变得比其余的生物具有更多或更少的攻击性、变得更多或更少地具有合作性或关爱之心,那么,它就能做得更好,并使它的基因就会被流传下去。

这一过程并不一定通向成功之路。自然选择有能力创造出范围大得令人难以置信的多种多样的生物——从反社会性与竞争性最强的生物到最善良与最温和的生物。同样的过程也许并没有对我们的道德准则和价值观作出具体规定,但它已经为我们提供了相关的心理构造、倾向和能力,使我们能凭之发展出一种考虑到整个社群利益的行为选择的指南,而这正是人类道德的精华。

附录一:拟人论与反拟人论

行为意图/认知复杂性/简约性原则/拟人论/反拟人论

在耶基斯野外工作站中,当游客走近黑猩猩时,常常会发生这样的事情:在游客们到达之前,一只叫乔治娅(Georgia,见图8)的成年雌黑猩猩会赶紧跑到水龙头那里,往嘴里含上满满一口水。然后,她会漫不经心地混入在露天活动场网状栅栏后的其他群体成员中;至此,即便是最优秀的观察者也不会察觉到她有什么不寻常的地方。如果有必要的话,乔治娅会紧闭双唇等上几分钟,直到游客们走近了,她便突然向游客喷起水来,这时,人群中就会爆发出尖叫与大笑,有人还会跳起来,有时甚至会出现有人跌倒的情况。

这并非只是一个"传闻",因为乔治娅总是做这种事,以至于人们都可以

图8 我们工作站里最顽皮的黑猩猩——乔治娅,她被自己在照相机镜头中的影像吸引住了。摄影者:德瓦尔。

预料到了;而据我所知,还有不少其他猿也擅长惊吓那些天真的、甚至已并不天真的人。赫迪杰(Hediger,1955),一位伟大的瑞士动物园生物学家,就讲述过:即使他为面对这种挑战做了充分准备,并时刻注意着猿的一举一动,但他仍然被一个一生都在玩这类把戏的年长的黑猩猩弄得全身湿透。

一旦发现自己在乔治娅面前处于类似情形中(即意识到她已去过水龙头那里并在悄悄向我靠近),我就会直视她的眼睛,伸出手指指着她,并用荷兰语警告她:“我已经看到你做了什么手脚了!”这时,她会立即走开,吐掉一部分水,并吞下剩余的水。我当然不是想说她听得懂荷兰语,但她肯定意识到了我知道她想要干什么,而我将不会是一个容易被她玩弄的目标。

那些以这些令人着迷的动物为工作对象的科学家会发现,他们会忍不住用描述人类的术语来描述这些动物的行为,而这又必然会激起哲学家和通常以家鼠或鸽为工作对象、或根本就不从事动物研究的其他科学家的愤怒。由于缺乏第一手的相关经验,所以,当这些批评者将灵长目动物学家的报告当做拟人化作品弃之一旁、并说明应该如何避免拟人论时,他们的确是会过分自信的。

尽管我还没有见到关于家鼠的自发的伏击战术的报告,但可以确信的是:这些动物肯定可以通过耐心的强化训练习得在口中含水并混在其他家鼠之中的行为。如果家鼠都能学会这么做,那么,这有什么大不了的呢?对拟人论的批评都是些诸如此类的话:“乔治娅那么做是没有任何计划的;乔治娅并不知道她正在捉弄人;乔治娅只是比家鼠学得快些。”由此,他们不是在乔治娅自身身上寻找她的行为的根源,也没有承认她做事具有预先的意图,而是认为应在环境及环境塑造行为的方式中去寻找行为的根源。按照这种逻辑:这个猿并非是那种令人不快的问候方式的设计者,而是人类的吃惊和恼怒这一令她无法抗拒的奖赏的受害者。也就是说:乔治娅是无辜的!

但是,我们为什么要让她那么轻松地摆脱干系呢?为什么一个人这样做就会挨骂、被拘留或被问责,而任何动物,即使是与我们人如此相似的动物,却被看成是一种只具有刺激—反应性的被动的机器呢?由于行为没有意图与有意图一样难以被证明,而且从未有人证明过动物与人类在这方面有着根本差别,所以,我们很难为这种彼此对立的假说找到科学基础。当然,这种二元论的源头是可以部分地在科学之外找到的。

行为科学今天所面临的困境可以概括为认知中的简约与演化中的简约之间的选择困境(de Waal 1991, 1999)。**认知中的简约原则**是美国行为主义的传统准则。它告诉我们:如果我们能用较低级的心理能力来解释一种现象的话,那么,就不要去求助较高级的心理能力了。这种观点偏爱简单的解释,如条件反射式的行为,而不喜欢较为复杂的解释,如蓄意的欺骗。这听起来相当合理(但请看看 Sober 1990)。**演化中的简约原则**侧重于考虑不同尤其是相近物种所共有的演化史。它假定:如果相近的物种表现出同样的行为,那么,作为其基础的心理过程也可能是一样的。另一种办法是:假设一些产生相同的行为的不同的演化过程。但对那些只有几百万年分头演化历史的生物来说,这种假设看来是极不经济的。如果对狗与狼的同样行为我们通常不会认为它们有着不同的起因的话,那么,对人类和黑猩猩这两种如此相近的物种的同样行为,我们又为何要那么做呢?

简而言之,人们所珍视的简约性原则出现了两副面孔。在被认为应该赞成低层次而非高层次的认知性解释的同时,我们也不应该搞一种双重标准,并据此对人与猿所共有的行为作出不同的解释。如果对人类行为的解释通常都要求助于复杂的认知能力——它们当然是会奏效的(Michel 1991),那么,我们就必须认真考虑这些能力是否也可能存在于猿类之中。我们没有必要急于下结论,但至少应该允许有人提出并考虑这种可能性。

在论及我们灵长目近亲物种时,我们极为迫切地感受到对这种智力上的呼吸空间的需要,但实际上,这一问题既非只与这一分类学群体有关,也非只与复杂认知的情况有关。动物行为学学者面临着一个选择:要么将动物归类为自动机器,要么承认它们具有意愿及信息处理的能力。一个流派告诫我们:不要对那些我们无法证明的事物作假设;另一个流派则告诫我们:不要漏掉那些可能存在的东西,即使是昆虫和鱼类,也是有着环境意识和内部趋动力的寻求和意欲系统并作为这样一种存在物来到人类观察者身边的。关于动物行为的描述,如果我们将动物放在与人类而非机器更近的位置上,那么我们自然会采用一种我们习惯上用来描述人类行为的语言。这种描述听起来不可避免地是拟人化的。

显然,如果拟人论被界定是误将人的属性当做动物的属性的话,那么,就没有人愿意与拟人论沾边了。但是,在大多数情况下,人们对拟人论的理解是广义的,即将其理解为有意用人类的术语来描述动物的行为。即使支持拟人论的人中没有人提议要不加鉴别地使用这种语言,那些坚决反对拟人论的人也不会否认;作为一种具有启发性的工具,它还是有其价值的。正是这种作为获得真理的工具而非以其自身为目的的拟人论,将它在科学中的用途与外行人对它的使用区别开了。那些采用拟人手法的科学家们的最终目标,绝不是以最令人满意的方式将人类的情感投射到动物身上,而是经得起实践检验的观点和可重复的观察结果。

这需要很熟悉自然史及被研究的物种的特性,需要努力克制这种可疑的设想——动物也像人类一样感觉和思考。那些想象不出蚂蚁吃起来味道好的人,是无法成功地将食蚁兽拟人化的。因此,为了具有启发价值,在用某种会在人类的经验中引起共鸣的方式来描述一个物种时,我们的语言就必须尊重该物种的特性。此外,与诸如海豚或蝙蝠之类的动物相比,我们更容易将那些与我们亲缘关系较近的动物拟人化,因为在运动的媒介和感知世界的感官系统上,海豚或蝙蝠之类的动物与我们人类不同的,与我们感知世界的感官系统也不同的。动物行为学者们至今仍然面临的重大挑战之一,就是对动物世界中**环境**多样性的评价(von Uexküll 1909)。

多年来,关于拟人论的使用和滥用的争论一直限于一个小学术圈内;但近年来,这一争论却被两本书推到了引人瞩目的位置上,这两本书是肯尼迪(Kennedy)的《新拟人论》(*The New Anthropomorphism*,1992)和托马斯(Marshall Thomas)的《狗的隐秘生活》(*The Hidden Life of Dogs*,1993)。肯尼迪重申了假设此可证明的更高级的认知能力的危险性和隐患,因此,他坚持认知中的简约。托马斯则在她对犬科动物的非正式调查中毫不掩饰自己对拟人论的偏爱。在她的畅销书中,这位人类学家让那些"处女"母狗为未来的"丈夫""保留"贞洁(即在遇到自己特别喜欢的雄性前对一般雄性的性殷勤不予理睬),

她观察到:狼会毫无“自我怜悯”地踏上打猎之途;在她养的母狗们遭到恶棍的攻击时,她从它们的眼神中看到的是:“没有愤怒、害怕、威胁及攻击性的表现,而只有镇定和压倒一切的决心”。

按目的的不同,拟人手法有以沟通为目的和以建构假说为目的的两种。这两种拟人手法是极不相同的,后一种拟人论除了没有正当理由、不加解释也不经调查就将人类的情感和意图投射到动物身上外,几乎毫无用处(Mitchell et al. 1997)。托马斯的那种不加鉴别的拟人只是在败坏拟人论的名声,并使得批评者反对各种形式与借口的拟人论。关于拟人论,与其让他们将孩子与洗澡水一起倒掉,还不如让我们先来搞清楚这一唯一需要回答的问题:以批判性的方式运用适度的拟人手法是有助于还是有害于动物行为研究?赫布(Hebb,1946)认为:拟人手法是某种使我们得以搞清楚动物的行为的意义的东西;切尼(Cheney)与赛法斯(Seyfarth)(1990:303)声称:拟人手法提高了行为的可预测性因而是“行之有效”的;肯尼迪(1992)与另一些人则认为:拟人手法是某种类似于疾病的需要被控制的东西(因为它把动物当成了人)。这些观点孰对孰错呢?

动物不是人,这固然没错;但人是动物,这同样正确。对这一简单却无可否认的真理的抵制正是抑制拟人论的思想基础。我将这种抵制称为**反拟人论**(anthropodenial),即对人类与动物所共有的性质的想当然的排斥。反拟人论意味着对动物的类人性质或人类的类似于动物的性质的有意无视(de Waal 1999)。* 对人类和动物行为之间所拥有的深刻而巨大的相似性(如母爱、性行为、对权力的追求等),反拟人论表现出了一种前达尔文式的反感但实际上,这种相似性是任何一个具有开放心态的人都会注意到的。

那种认为应对这种相似性作出统一解释的观点其实毫无新意。休谟(1985[1739]:226)是最早倡导跨物种的统一解释的人之一,在《人性论》(*A Treatise of Human Nature*)一书中,他提出了下述标准:

---

* 由此,反拟人论实质上是一种人类独特论,即主张人类所具有的某些性质是其他动物所不具有的,人类与其他动物有着本质差异的学说。——译者

> 正是根据动物与我们人类在外部行为上的相似性,我们才判断出:动物的内心世界与人类的内心世界相似;按同样的原理再做进一步推理,我们就可得出如下结论:由于我们的内部行为彼此相似,因而这些行为得以产生的原因也一定是相似的。因此,当任何一种假说被用来解释人与兽所共有的心理过程时,我们必须对这二者采用同样的假说。

有必要补充的是:在休谟所生活的时代两个世纪之后,美国的行为主义者严重贬低了人类心理的复杂性并将人类的意识归入迷信的范畴,从而将人类和动物放在了同一个解释框架之内(如 Watson 1930)。相比之下,休谟(1985[1739]:226)则很尊重动物,他写道:"对我来说,没有什么真理比这更加明显的了,野兽也与人一样天生就具有思想与理性。"

严格说来,没有人可以一边诋毁拟人论,一边夸口说有一种关于人类和动物的所有行为的统一理论。毕竟,拟人论设想了人与动物具有相似的经验和体验,如果作为其基础的生理及心理过程是相同的话,那么,这种相似性就会完全是自然而然的事情。行为主义者反对拟人论的原因可能在于:没有一个心智正常的人会认真对待他们的主张——人的内在的心理过程仅是一种想象所虚构的东西。人们拒绝接受这种主张——不用考虑思想、情感和意图就解释人类的行为。难道我们就没有精神生活,不展望未来,也并非是有理性的存在物吗?最后,行为主义者们让了步,将两足的猿从他们的万用理论的适用范围之中排除。

对人类以外的其他动物来说,这就是问题开始的地方。一旦承认人类认知的复杂性,动物王国中的其他物种就成了行为主义之光的唯一承受者。动物曾被认为是绝对遵循行为效果强化法则的,谁要是不这么认为就会被当做拟人论者。将与人类相似的经验与体验归诸动物身上曾被公开宣布为一种大罪。原本想要建立一种统一科学的行为主义退化成了一种拥有两种不同语言的叉状物:一种语言用来描述人类的行为,另一种语言则用来描述动物的行为。

所以,对“难道拟人论不危险吗?”这个问题,答案是:对那些试图在人类和动物之间竖起一堵墙的人来说,拟人论的确是危险的。它把包括人在内的所有动物都放在了同一个解释平台上。但对那些从演化论角度看待相关问题的人来说,只要他们将拟人论的解释当做假说来看,那么,拟人论就没什么危险了(Burghardt 1985)。拟人论是许多可能性中的一种,但由于它将关于我们自己的直觉用到了与我们很相似的动物身上,因而,它需要我们认真对待。拟人论将人类关于自我的知识运用到了动物的行为之上。这样做会出什么差错呢?在数学和化学中,我们也在运用人类的直觉;那么,在动物行为研究中,为什么我们就要压制这种直觉呢?说得更不客气一点:难道真的有人相信拟人论是可以避免的吗(Cenami Spada 1997)?

最后,我们还必须要自问一下:在低估或是高估动物的精神生活这两种风险中,我们愿意承担哪种风险?在拟人论与反拟人论之间存在着一种对称,由于两者都各有利弊,所以,简单的答案是不存在的。但是,从演化论角度看,对乔治娅的恶作剧,如果用与解释我们自己的行为同样的方式来解释的话,那么这种解释就是最简洁的解释:她的恶作剧是一种复杂而(为我们所)熟悉的内心活动的结果。

附录二:猿类有心理推测能力吗?

心理推测能力/换位思维/“微卫星”

对灵长目的主体间性的研究开始于门泽尔(Menzel,1974),他让一些年轻的黑猩猩进入一个露天大围场,在这些黑猩猩中,只有一个知道某种食物(或玩具蛇)藏在哪里,而其同伴们则不知情。但那些同伴似乎完全有能力通过那个“知情者”的行为“猜出”会有什么事发生。门泽尔的经典实验,加上汉弗莱(Humphrey)的动物是“天生的心理学家”(1978)的观点,以及普雷马克(Premack)和伍德拉夫(Woodruff)的“心理推测能力”(1978)的概念,为猜测者与知情者间的互动模式的提出提供了灵感与基础,并使这一模式今天仍然流行在关于猿和儿童的主体间性研究中。

心理推测能力是指意识到他者的心理状态的能力。如果你我在一个聚会中碰上了,而我料到你相信我们之前从未见过面(尽管实际上我们曾见过),这时,我会推测你脑子里在想什么。有些科学家宣称心理推测能力是人类特有的,但具有讽刺意味的是,心理推测能力的概念却来自于对灵长目动物的研究。自从这个概念被提出之日起,它就始终经历着反复的“浮沉”。一些人从失败的例证中得出结论:猿类肯定没有心理推测能力(如 Tomasello 1999;Povinelli 2000)。但这些失败的结果并不能说明问题。正如俗话所说,缺乏证据并不意味着不存在某种事实。实验不成功有可能是由许多与我们所谈论的能力无关的原因引起的。例如,当我们对猿类和儿童作比较时就存在一个问题:实验者总是人类,因此,只有猿类才会面对一种因跨物种而引起的交流障碍(de Waal 1996)。

对那些被圈养的猿来说,我们人肯定是以全知全能者的面貌出现的。在从他人那里听到关于他们的最新消息(如从电话中听到某只猿受了伤或生了宝宝的消息)后,我们会出于关心,去探望那些黑猩猩。这些黑猩猩肯定注意到了:我们常常在看到他们之前就已经知道了关于他们的事情。这就使得人类天生就不适合参与关于"看"在认知中的作用的实验,而这正是心理推测能力研究的核心部分。

迄今为止,大部分实验所做的都是有关猿对人类心理的推测能力的测试。如果我们将关注点放在猿对猿的心理推测能力之上的话,那么,我们就会做得更好。当作为实验者的人不露面时,黑猩猩们似乎认识到:如果另一个看到了被藏起来了的某种食物,那么,这一个也会知道(Hare et al. 2001)。这一发现以及关于猿类具有视角择取能力的越来越多的证据(Shillito et al. 2005; Bräuer et al. 2005; Hare et al., in press; Hirata 2006),已再次向公众抛出了动物的心理推测能力这一问题。在一个出人意料的转折(因为这一论战是围绕着人与猿展开的)中,日本京都大学灵长类*研究所里的一只僧帽猴多次成功地通过了看—知测试[seeing-knowing tests](Kuroshima et al. 2003)。少量这样的肯定性结论就足以用来质疑乃至反驳先前所有的否定性结论了。

要想弄清楚猿类智力的"底细",唯一的办法就是设计一些在智力与情感上都能引起他们兴趣的实验。营救一个受攻击的婴儿、以策略战胜一个对手、避免与占优势地位的雄性发生冲突、悄悄地从一个同伴身边溜走,等等,都是猿类善于解决的问题。许多报告显示:在猿类的社会生活中,存在着心理推测现象,即使这些现象通常是个别事件,因此有时会被贬称为"轶事",但我仍然认为它们是极有意义的。别忘了,一个人在月球上走上一步就足以让我们宣称:去月球是我们能力范围之内的事。如果一名经验丰富的可靠的观察者报道了一个非常事件,那么,科学界最好给予密切的关注。因为,这样的报道至少可能具有启发价值(de Waal 1991)。关于猿类采取他者的视角,即换位思维的能力,我们并非只有少量的故事,而是有着大量的事例。在引言中,我已

---

*这里的"灵长类"采用的是日文中的相应汉字(只是简化了)。在不涉及日文的情况下,本书一律将Primates译为"灵长目(动物)"。——译者

提到过库尼和小鸟以及杰克与他的阿姨的故事。下面,让我再为大家举两个例子,这两个例子引自我的一篇论文(见 de Waal 1989a)。

在圣地亚哥动物园中的波诺波旧圈养区的前方,有一条两米深的壕沟;为了清理它,其中的水已被抽干了。在刷洗过壕沟并放出那些猿后,管理员要去打开阀门,以便给壕沟重新注水。正在这时,那只叫卡科维特(Kakowet)的年长的雄波诺波跑到管理员所在的窗前,他尖叫着并疯狂地挥舞着手臂,以引起管理员的注意。在那里呆了那么多年后,他对清理程序已经很熟悉。后来,管理员发现:几只年幼的波诺波掉进了那条没水的壕沟中,但没办法出来。管理员放下一个梯子。所有的波诺波都爬上来了,除了那只最小的波诺波;最后,是卡科维特亲自出手将他拉了上来。

10 年之后,在同一圈养区,发生了与这个案例相吻合的另一个与这条壕沟有关的案例。那时,这个动物园已明智地决定不再往壕沟里注水了,因为猿不会游泳。一根铁链被永久性地从沟沿挂到了沟里,以便波诺波们可随时光顾这个壕沟。如果地位最高的雄性弗农(Vernon)掉进壕沟,那么一只叫卡林德(Kalind)的年轻的雄性有时就会迅速地将链条拉起来。在这种时候,他会一边拍打着沟沿,一边张着大嘴朝弗农扮鬼脸,并居高临下地看着他。这个表情与人类大笑的样子是一样的:卡林德在捉弄那个首领呢!在几次类似事件中,群体中仅有的成年雌性——洛雷塔(Loretta),都会急匆匆地跑到事发地点去营救她的配偶;她会重新放下铁链,并站在那里守着,直到弗农爬上来。

这两个观察报告都告诉了我们一些关于“视角转换”的东西。卡科维特看来是懂得这一点,即当年幼的波诺波们还在壕沟里时,向壕沟里注水不是个好主意,尽管向壕沟里注水对他显然没有任何影响。卡林德和洛雷塔看来都知道链条对那个仍在壕沟里的同类的作用,并作出了相应的举动:一个取笑首领,另一个则帮助需要帮助的伴侣。

我个人确信猿是有换位思维能力的,并确信这种能力的演化源头不是社会竞争(尽管它很容易被运用到这一领域中去),而是合作需要(Hare and Tomasello 2004)。换位思维的核心是个体间的情感联系,这种联系广泛存在于社会性哺乳动物中,在此基础上,演化或发展建构出了包括估测他者的相关知识和意图在内的越来越复杂的换位思维的表现形式(de Waal 2003)。

由于拟他性同心或换位思维与心理推测能力之间可能存在着相关性,所以,对进一步的研究来说,波诺波是一个极其重要的物种,因为它可能是拟他性同心能力最强的猿(de Waal 1997a)。最近,相关的DNA的比对表明:人与波诺波有着一种与社会性有关的"微卫星"* 而这种"微卫星"是黑猩猩所不具备的(Hammock and Young 2005)。在与人类最接近的两个物种(即波诺波与黑猩猩)中,到底哪个与我们最晚近的共同祖先最为相似呢? 上述DNA比对结果还不足以让我们就这个问题作出判断,但它无疑在向我们呼吁:应该将波诺波当做人类社会行为(在非人动物中)的最佳样板而给予密切关注。

* 指基因组中由短的重复单元组成的DNA串联重复序列。——译者

附录三:动物的权利

情感生活/保护动物的方式/认知角度的动物行为研究

在经过一次死里逃生的经历后,汤普森瞪羚打通了她的律师的电话,她跟律师抱怨道:她想要在哪里吃草就在哪里吃草的自由又一次受到了侵犯。她应该起诉猎豹吗?或者,律师是否会觉得猎豹也有捕食的权利呢?

这当然是荒唐的。诚然,我赞成为禁止虐待动物所做的努力,但我的确严重质疑现在某些人所提倡的动物保护方式,他们的主张已导致美国的法律学科开设"动物法"课程。这些课程所讲的并不是丛林法则,而是将人类道德中的正义原则延伸到动物身上。根据某些人,如那个正在哈佛大学教这门课的律师怀斯(Steven M. Wise)所言,动物并不只是(人的)财产。动物应该拥有的权利与人所拥有的宪法(所规定的)权利一样确实且无可争辩。一些从事动物维权工作的律师甚至主张黑猩猩应该享有身体完整与自由的权利。

这种观点已在一定程度上流行开来。例如,美国哥伦比亚地区法院曾经给予游览动物园者以上诉权,准许其为黑猩猩应具有拥有伙伴的权利而向法院上诉。在过去的10年中,一些州立法机关已将虐待动物罪由轻罪提升为重罪。

现在,关于动物权利的争论已不新鲜了。但我依然记得20世纪70年代发生在科学家之间的一些超现实主义争论,其中,有些人将动物受痛苦当做人类同情心的不当使用问题而加以拒绝。在各种反对拟人论的严厉警告中,有一种观点曾流行一时,即认为动物仅仅是没有感觉、思维和情感的机器人。某些科学家会板着脸说:动物不可能受痛苦,至少不会以人的方式受痛苦。一条嘴部带着大钩的鱼被拉出了水面,而后在干地上翻腾着,我们如何知道他当时的感觉呢？所有这一切不都只是一种心理投射吗？

随着认知论角度的动物行为研究的到来，这种观点在20世纪80年代发生了变化。我们现在提到动物时会用诸如“计划”和“意识”这样的术语。人们确信他们能理解自己的行为后果，能交流情感并作出决定。某些动物，如黑猩猩，甚至被认为已经拥有了初步的政治和文化。

就我个人的经验而言，黑猩猩就像华盛顿特区的一些人一样，会不屈不挠地追求权力，并时刻关注着交易场中的付出与得到的服务。他们的感情会在很大范围内变动着：从因在政治上得到支持而心怀感激，到因他们中的一员违背社会规则而满腔愤慨。其中所出现的情感远不止害怕、痛苦和愤怒：这种动物的情感生活与人类的情感生活的接近程度要远超出我们以前所认为的。

这些新的理解会改变我们对待黑猩猩（推而广之）及对待其他动物的态度，但与之相比，说确保公正地对待他们的唯一方法就是给他们以权利和律师仍然是一个（过）大的跳跃。我猜想，这种做法是一种美国方式，但权利是社会契约的一部分，如果没有相应的责任，那么，权利就是毫无意义的东西。除故意侮辱外，强行将动物权利运动与废奴运动相提并论的做法在道德上是有缺陷的：奴隶可以而且应该成为人类社会的成员，而动物不能也不会。

实际上，给动物以权利完全依赖于我们的善意。结果是，动物只能拥有我们所能操控的权利。人们不会听到这样的权利，如：啮齿动物有占据我们的家园的权利，八哥有劫掠樱桃树的权利，狗有决定其主人的散步路线的权利，等等。在我看来：有选择地授予的权利实际上根本就不是权利。

要是我们丢掉所有关于权利的言论、而代之以倡导一种责任感，那又会怎么样呢？我们会以提及树木的年龄的方式来教导孩子尊重一棵树，我们也应该以同样的方式用新的眼光来看待动物的精神生活，以在人类中培养起一种关爱动物的道德准则，按照这种道德准则，我们人类的利益并不是唯一需要权衡或考虑的利益。

尽管许多社会动物都已演化出爱和利他的倾向，但他们几乎从不将这些倾向用在其他物种身上,即使有也很少见。猎豹对待瞪羚的方式是很典型的。我们人类是第一个将这些在社群内部演化出来的倾向运用到更广阔的人类世界中去的物种,而且,通过将关爱而非权利当做我们的根本态度,我们对其他动物也会这么做。

实验猿的退休问题

上述讨论(由 1999 年 8 月 20 日《纽约时报》发表的题为“我们人[及其他动物]……”的专栏文章改编而来),对以“权利”为本的考虑问题的方式提出了质疑,但未能表明我对有侵害性的医学研究的看法。

这个问题很复杂,因为我相信:我们最早的道德责任是相对于我们自己这一物种的成员来说的。据我了解,没有一个急需药物治疗的动物权利的提倡者曾经拒绝过这种治疗。即使所有现代医疗方式都来源于动物实验,情况也是如此:任何一个走进医院的人都会当场利用动物实验的成果。由此看来,即使是在那些反对动物实验的人之间,也存在着这样一个共识,即:人类的健康和幸福具有相对于几乎所有其他物种的优先性。于是,问题就变成了:我们愿意为它牺牲些什么?我们愿意让哪些种类的动物去承受具有侵害性的医学研究?研究过程中的底线是什么?对大部分人而言,这只是个程度问题,而不是原则问题。人们不会将用鼠来开发新的抗癌药物与为了测试子弹的威力而射杀一只猪同等看待;也不会将射杀猪与让黑猩猩患上致命疾病这两件事情同等看待。在复杂的利害计算中,我们是根据人们对研究过程、动物种类和人类利益的感受来决定动物实验应该遵循什么样的道德准则的。

我并没有调查过我们偏爱某些动物、某些过程的原因与不合理性,但我个人的确认为:猿类应该享有特殊的地位。猿是与人亲缘关系最近的物种,他们有着与我们非常相似的社会与情感生活以及相似的智力。当然,这的确是一种人类中心主义的观点,但它是许多熟悉猿类的人所共有的一个观点。他们与我们之间的相近性使他们成了医学试验的理想模特,也使我们以之为实验动物的行为成了道德上成问题的行为。

尽管许多人基于明确的经验事实(如常被提起的猿类能认出镜中的自己

的能力)来支持一种合乎逻辑的道德立场,但总的看来,没有一种理性化的道德立场是无懈可击的。我相信:道德决断是建立在情感基础上的,由于我们易对那些身心与我们相似的动物产生拟他性同心现象,所以,与伤害其他动物相比,伤害猿类会让我们产生更大的罪恶感。这种情感会影响我们关于动物实验的道德问题的评判。

随着时间的流逝,我看到:人们对待动物的主流态度已经从强调猿类的医学研究价值转换到强调他们应有的伦理地位。现在,我们已达成一个共识,即:猿是在其他可用的医学实验对象都不能解决问题的情况下不得不选择的最后的医学试验动物。任何能用猴(如狒狒或猕猴)来做的医药研究都不允许在黑猩猩身上做。由于用猿来做特定研究的问题的数量在减少,我们面临着黑猩猩"过剩"的问题。医学界的说法是:对医学研究来说,我们现在所拥有的黑猩猩已经供过于求了。

我认为这是一种正面的发展,我也完全赞同这种势头的进一步发展,直到黑猩猩能够逐步并最终完全从医学试验中退出来。目前,我们还没有做到这一点,但随着不愿用黑猩猩做试验的人和团体越来越多,美国国立卫生研究院已采取了一项具有历史意义的措施,即为这种动物提出了退休倡议。其中最重要的设施就是黑猩猩乐园(www. chimphaven. org),该园于2005年开放了一个巨大的露天场所,以使那些从医学实验计划中解脱出来的黑猩猩有地方安享他们的退休生活。

与此同时,猿类将仍可用于无侵害性的研究中,如用于年龄、遗传、脑成像、社会行为与智力的研究中。这些研究无须伤及这些动物。我所说的无侵害性研究可简要定义为:"那些我们不介意在人类志愿者身上所作的研究"。这意味着不会在他们身上测试化合物,不会让他们患上其原本没有的疾病,不会给他们做致残手术,等等。

这种研究将有助于我们用一种没有压力甚至愉快的方式继续探究与我们亲缘关系最近的物种。我之所以加上后面这一点(指"愉快的方式"),是因为与我一起工作的黑猩猩都很喜欢计算机化的测试:最容易让他们进入我们的测试设施的方法,就是向他们展示其顶部有带计算机的手推车。他们会冲进门去,而后在那里进行一个小时他们当成是游戏而我们看作认知测试的活动。

从理想性角度来说,所有关于猿的实验都应该是对人猿双方既有益又愉快的。

评论

赖特　科尔斯戈德　基切尔　彼得·辛格

拟人论的用处

赖特

文化的遮丑布/自然主义饰面理论/投桃报李/战略性谋划/情感性拟人化语言/认知性拟人化语言

德瓦尔对非人灵长目动物的社会行为的仔细记录与详尽描述,对我们理解非人灵长目及人类作出了巨大贡献。他的报告在智力上之所以如此富有刺激性,其原因之一在于:他乐于使用富于挑衅性的拟人化语言来分析黑猩猩和其他非人灵长目动物的行为和心理。他因这种拟人手法而招来了一些批评,这并不令人惊讶。我认为:这种批评几乎无一例外地全是错误的。不过,尽管我相信德瓦尔使用拟人化语言是有其价值的,但我认为:在他所使用的拟人化语言中,德瓦尔有时的确是不够谨慎的。

首先,我想对这一点做一个详尽阐述,然后提出:这样做的好处之一是扩大我们关于人类道德的视野。特别是澄清什么样的拟人化语言适合于与我们亲缘关系最近的物种——黑猩猩,并弄清楚德瓦尔在关于人类道德的"自然主义"理论与"饰面"理论之间所作的区别,即道德具有坚实的基因基础与我们所说的"道德"只不过一块"文化的遮丑布"这两种观点之间的区别,后一种意义上的所谓"道德"往往采取了某种形式的道德姿态,并以此来掩盖某种非道德的(如果不是不道德的的话)人类本性。我认为:德瓦尔误解了某些被他贴上"饰面理论家"标签的人(例如,我本人)的观点,并因此漏掉了一些重要而有启发性的东西:演化心理学可引发关于人类道德的讨论,它表明了关于人类道德的第三种理论的价值,为了与德瓦尔所用的术语相适应,我们将这种理论称为"自然主义饰面理论"。一旦我们思考过什么样的拟人化语言对黑猩猩来说是合适的这一问题,那么,这第三种选择就会更容易理解。下面,我就要讨论这一问题。

两种拟人化的语言

读过德瓦尔的伟大著作《黑猩猩的政治》(*Chimpanzee Politics*)的人,几乎不可能不被其中所描述的黑猩猩与人类在行为上的相似性所震惊。例如:在这两个物种中,社会地位都带来了实实在在的回报,个体都在谋求较高或更高的社会地位,都在为了有利于谋求社会地位而结成社会联盟。由于人类和黑猩猩在演化史上存在着密切关系,所以,这些外部行为上的相似性肯定是与内部构造上的相似性相对应的。也就是说,近亲物种之间存在着调控行为的生化机制上及相应的主观体验上的共同性。伴随着黑猩猩的特定行为面部的表情、手势与姿态等,无疑都对这一猜想起到了强化作用。

但这些共同性的确切性质是什么呢?例如,我们能与黑猩猩共享哪些特定的主观体验呢?我对德瓦尔的解释倾向有异议的地方就在这里。

拟人化的语言有两大类。首先是表达**情感的**语言,我们会说:黑猩猩会感受到同情、愤怒、悲伤、不安等。其次是表达**认知的**语言,即将有自觉的知识和(或)推理归之于动物的语言,我们会说:黑猩猩能记忆、预测、计划、制定战略等。

仅仅根据行为证据,人们并不总是能清楚地判断出哪种拟人化语言是合适的。在人类与非人灵长目动物中,常常会出现这种情况:一种行为既可在原则上被解释为有意识的思考与谋划的产物,也可被解释为根本上是情感反应的产物。

让我们来考虑一下"交互式利他"现象。在人类与黑猩猩中,我们都能够发现从行为层次上看像是交互式利他的现象。也就是说,个体之间建立起了以物品(如食物)或服务(如社会支持)的交互式给予为特征的稳定关系,并且从长期来看,这种彼此给予是大致对等的。正如俗语所说:我替你在背上搔痒,你也替我在背上搔痒;或者说:投桃报李。

就人类来说,我们可以通过反省知道:这种相互支持的关系可以在认知与情感两个层面中的任一层面上加以调控。(在现实生活中,认知与情感因素往往是互相混合的,但通常其中某一层面占主导地位;在接下来的思想实验中,为了清楚起见,在任何一种情况下,我都会用"纯"认知或"纯"情感因素单独起作用的例子。)

让我们设想一下,有两位在同一领域工作但从未相遇过的学者。假设你是其中的一位学者。你正在写一篇论文,这为你提供了一个引用另一位学者的言论的机会。那一引用并不是必需的,没有它,你的论文也会很好。但你可能会这样想:"嗯,如果我引用了这个人的言论,那么,在将来的某个时候,他[或她]也许会引用我的言论,这或许会导致相互引用的模式,而这对我们两个都会有好处。"因此,你引用了那位学者的言论,而你所预料的那种稳定的互相引用的关系,即一种"交互式利他"关系,也就随之而来了。

现在,让我们来设想一种能导致同样结果的另一路径。正当你在写论文的过程中,你在一次会议上遇到了这位学者。你们一拍即合,在讨论共同的知识兴趣和观点时,互相认同与鼓励。后来,在完成那篇论文时,你纯粹出于友情而引用了那位学者的言论;与其说你是因为有必要而决定引用他或她的言论,还不如说你是因为**喜欢**而觉得要引用他或她的言论。他或她后来也引用了你的言论,这样,一种"交互性利他"的相互引用的格局也就随之而来了。

在第一种情况下,那两位学者之间的相互引用关系感觉就像是一种战略性谋划的结果。在第二种情况下,它给人的感觉更像是一种纯粹的友谊。但对外部观察者——某个只是冷眼旁观那两位学者的互引情况的人——来说,就很难区分这两种动机了。对旁观者来说,难以分辨这种互引格局更多地是由战略谋划还是友谊所带来的原因是:从原则上讲,这两种动力机制中的任何一种都会导致同样的可观察结果,即一种稳定的相互引用关系。

现在,让我们假设那名旁观者得到了更多信息:那两位学者不仅在文章中常常引用对方的观点,还往往在他们所在领域中有分歧的重大问题上互相支持。可惜,这同样没起多大作用,因为大家都知道,问题中的这两种动力机制——战略性谋划与友好之情——都会导致同样的特定结果,即不仅是相互引用,而且是知识盟友之间的相互引用。毕竟,(1)如果你在相互引用上有意识地选择一个伙伴的话,那么你就会倾向于选择一个会分享你的战略性利益(即你在重大学术问题上的优势地位)的人;(2)反之,如果你在友情的基础上考虑这件事的话,那么你最终仍会与一个知识盟友结对,因为促进友情的重要因素之一就是在有争议的问题上达成一致意见。

"友情"形式的情感的指引与战略性谋划的指引会导致同样的结果,这并非巧合。按照演化心理学的观点,人类的情感就是被自然选择"设计"成用来为个人的战略性利益服务的(或者更准确地说,是用来促进个人的基因在我们的演化环境中扩散的;但就这次讨论的目的而言,我们可以认为:情感是为个人及其基因组的利益服务的,正如它们通常所做的那样)。而友情则是被"设计"成用来增进与那些在有争议的问题上与我们有共识的人的交情的,因为在演化过程中,与这种人结盟是有利的。

这就是一名旁观者常常会难以分辨某种特定的人类行为更多地是由战略性谋划还是情感所驱动的一般原因,**因为很多种情感其实是战略性谋划的等效替代物**。(至于自然选择为什么创造这种战略性谋划的替代物,其原因则在于:这些情感很可能是我们的祖先在擅长有意识的战略性谋划之前、或是在自觉的战略意识对行为不利的情况下演化出来的。)

做一只黑猩猩是怎么回事?

现在,让我们带着这一思想实验回到拟人化的语言这一问题,尤其是"情感性"拟人和"认知性"拟人分别在什么情况下是合适的问题。在分析黑猩猩行为的动力机制并试图判断黑猩猩是在做有意识的计算还是只是被情感所引导时,我们面临着在面对那两位学者时曾面临过的同样的困难:由于所谈论的情感是自然选择"设计"出来的,用来产生战略上有效的行为,因而,情感驱动的行为与基于有意识的计算的行为,在外人看来可能是一样的。

例如,如果两只黑猩猩都被挤出了的权力结构——也就是说,他们不再是那个使雄 1 号能保持其权力的联盟的组成部分,因而不能分享雄 1 号与其盟友所分享的资源,那么,他们可能会结成一个联盟,以挑战雄 1 号。但我们很难说这最初的联盟是有意识的战略性谋划还是只是"友情"的产物,而这种"友情"又是指自然选择"设计"出来用来作为有意识的战略性谋划的代用品的。因此,在"认知性"拟人化语言(如"那些黑猩猩明白他们可以共享某种战略性利益,因而决定结成联盟")和"情感性"拟人化语言(如"在隐约地感觉到他们的共同困境后,那些黑猩猩产生了友情及对彼此的责任感,这种友情与责任感促使他们结成了联盟”)之间,我们很难作出非此即彼的选择。

在这种模棱两可的情况下,德瓦尔似乎有一种偏爱认知性而非情感性的拟人化语言的倾向。《黑猩猩的政治》中有一个雄1号耶罗恩(Yeroen)与地位较低的黑猩猩鲁伊特(Luit)进行权力斗争的例子:鲁伊特以前一直安于自己的从属地位,但不久,他要通过发起一场战斗来挑战耶罗恩的雄1号地位。德瓦尔评述道:在鲁伊特发起挑战前的一段时间中,耶罗恩开始做巩固社会关系的努力,特别是通过增加他花在为雌性护理毛皮以及他与雌性之间的其他形式的互动的时间来巩固社会关系。据此,德瓦尔推断:耶罗恩“已感觉到鲁伊特对他的态度发生了变化,他知道自己的地位已受到威胁”。*

大概,耶罗恩在某种意义或另一种“意义”上作了态度的改变;这可以很好地解释他为什么突然对政治上举足轻重的雌性感兴趣。但我们必须与德瓦尔一起来作一个假设:是耶罗恩“知道”(即清醒地预料到了)即将到来的挑战并决定采取措施来阻止它呢?还是仅仅因鲁伊特的不断增长的自信激发起了耶罗恩强烈的不安感,而这种不安感驱使着耶罗恩去与他的朋友们保持密切接触呢?

当然,从理论上讲,促使对威胁作出不自觉的理性回应的基因能经由自然选择过程而得到发展。当一个小黑猩猩或一个人类婴儿看到一个可怕的动物时,他或她会扑向自己的母亲,这种反应是合乎逻辑的,但他们本身大概意识不到这种逻辑性。让我们来举一个更像耶罗恩与鲁伊特的例子:如果一个人突然受到一些熟人的无礼对待,那么,他或她的心里可能会充满一种不安全感,因此,在随后遇到朋友或亲戚时,他或她就会比平常更多也更急切地将手伸向那个朋友或亲戚;而在得到正面回应后,他或她对那个朋友或亲戚会比平时感到更温暖。这里的“不安全感”就是一种作为战略性谋划的替代物的情感,它促使我们在遭遇社会对抗之后去强化我们与盟友的关系。

---

* De Waal (1982), *Chimpanzee Politics*, Baltimore, MD: Johns Hopkins University Press, p. 98.

如上所述,德瓦尔似乎有对认知性而非情感性拟人论的偏爱;能说明这一点的一个影响更广泛的例子是:在提到鲁伊特的“策略倒转、理性决策和机会主义”之后,他断言:“在这种策略中不存在同情与反感。”* 其实,在鲁伊特的策略倒转和机会主义行为中,有许多行为在原则上是可以用同情与反感来解释的:当战略性利益要求他与其他黑猩猩结盟时,他就会对他们产生同情感;当战略性利益要求他与其他黑猩猩起冲突或疏远时,他就会对他们产生反感。一个人对另一个人的情感也会在同情与反感之间迅速地摇来摆去,这种情况是每个人都熟悉的;任何一个善于深入反思的人都不得不承认:这种波动有时是有着一定的战略性便利的。

当然,主观经验在本质上是私人的,因而,我们很难肯定地说德瓦尔是错的,即我们所谈论的战略性行为更多地是受情感而非认知所指导的。不过,下面的这些相关考虑表明了,情况确实如此:

(1) 多种理由表明,这是一个有说服力的推测:从演化史角度来看,对灵长目世系来说,情感对行为的支配作用是先于有意识的战略性谋划对行为的指导作用而出现的。[这一推断的理由是,人脑中与情感相关的部分的演化时间相对较长,而与谋划和推理相关的部分的演化时间则相对较短。与非人灵长目动物的脑组织形态相比,人脑的相应部分(如与谋划和推理有关的额叶)的隆凸现象也特别明显。]

(2) 尽管人类明显具有有意识的谋划能力,但人类仍然有着能够促动策略上合理的行为的情感机制;既然人类如此,那么,表现出策略上合理的类似行为的我们的近亲黑猩猩,也就很有可能有着同样的情感机制了。

(3) 如果黑猩猩的确有能导致策略上合理的行为的情感机制,那么,我们不禁要问:为什么自然选择会增加第二种在功能上属于冗余的行为指导层面的东西(即有意识的谋划)呢? 当然,就人类的情况来说,演化的确最终用认知性的指导补充了情感性的指导。但当思考事情为何如此的问题时,我们往往会举出那些看起来并不适用于黑猩猩的因素(如人类有复杂的语言,并

---

* De Waal (1982), p. 196.

会用它与盟友讨论战略性计划或解释他们做事的原因等)。

由于这些原因,在处理非人灵长目动物的问题时,我会有一种与德瓦尔似乎有的恰好相反的偏好。在情感性的指导与有意识的策略性指导在原则上都可以解释行为的情况下,我会赞同将情感性指导当做暂且优先的解释,当然,这样做恰当与否有待进一步的数据来证实。也就是说,在其他所有条件都相同的情况下,在处理非人灵长目动物的问题时,我偏爱情感性而非认知性的拟人化语言。

你可以称它为**拟人的简约原则**。我认为它简约的原因之一是,它只涉及一种类型的拟人化语言(情感性拟人化语言)的运用,而德瓦尔所青睐的另一种简约,虽表面上只涉及一种拟人化语言(认知性拟人化语言),但暗中却涉及两种。如果像德瓦尔认为的那样,黑猩猩的确具有广泛的、有意识的谋划能力,那么他们也就拥有与战略性谋划系统并行且相关联的情感性指导系统了;从结构与功能上看,这个情感性指导系统是由各种战略性谋划的情感性替代物组成的。因为,毕竟现在**已知**具有广泛的有意识谋划能力且为黑猩猩的近亲的灵长目动物——人类的情况就是如此。如果情况的确如此,即:若人类的一种具有广泛的有意识谋划能力的近亲也具有与谋划相关联且对应的情感性替代物,那么,将有意识的谋划能力归诸黑猩猩,实际上也就是暗中将有意识的谋划与某种程度上的情感性指导同时归诸了黑猩猩。在理论上单单以情感性指导就足以达到解释目的的情况下,这种暗中将认知性与情感性指导系统同时归诸黑猩猩的做法就不怎么简约了。

一种科学范围外的考虑

尽管我认为这种基于科学理由即简约理由的拟人化语言的使用规则是可取的,但我得承认:我之所以被它所吸引还有第二个原因,即它鼓励人们对人类的行为采取一种道德内涵丰富的视角。了解情感如何引导黑猩猩作出谋略老到的行为有助于我们意识到:人类可能比我们所已知的更多地受制于情感性指导。尤其是,我们的道德判断是微妙而普遍地被以情感为中介的自身利益染了色的。

在第一次泰纳演讲中德瓦尔将道德理论区分为“饰面”理论和“自然主

义”理论两种。为了阐明我的关于道德判断与自身利益的情感的关系的上述观点，让我从德瓦尔关于道德理论的两分论的角度，再来讨论一下人类的道德这一主题。饰面理论认为：人类的道德只是一层薄薄的“文化涂层”，而那“涂层”所掩盖的则是非道德的（如果不是不道德的话）人类的本性。按我的理解，“自然主义”道德理论认为：我们的道德冲动是植根于基因的，因此，正如德瓦尔的一本书的标题所指出的，我们在相当程度上是“性本善”的。

根据我的《道德的动物》（*The Moral Animal*）一书，德瓦尔将我归入了“饰面理论家”之列。在此，请允许我做一点辩解：我并不属于这类理论家；在这一过程中，我还要指出的是：德瓦尔的“饰面”理论和“自然主义”理论的二分法或许太简单了点，因为这种二分法忽略了第三种理论类型，而我的理论正属于这第三种。接下来，我就可以提出我的主张了：用情感性的拟人化语言来描述黑猩猩的行为，有助于说明这第三种理论的视角，并且，从这第三种视野开阔的视角去看待人类的行为是具有启发作用的。

在《道德的动物》一书中，其实我根本就不曾把道德说成是一种“文化涂层”；相反，我的主张是：通常被看作道德的各种冲动与行为都是植根于我们的基因的。基于亲缘关系而选择作出的利他行为就是一个例子。另一个例子是正义感，即善行与恶行应受到奖惩的直觉；事实上，德瓦尔的工作有助于使我相信：正义感的（我认为是强情感性的）初级形态在黑猩猩中也可能是存在的，而且，无论在黑猩猩还是人类中，正义感都是交互式利他行为的演化动力机制的产物。

这些植根于基因的人性特征往往会以我所说的真正的道德的方式发挥作用。（科尔斯戈德曾在自己的论文中阐述过“康德的试金石”，用“康德的试金石”的某种粗糙而有点功利主义的版本来说：世界会更好，会好到由这些特性所产生的行为与由人类在类似情况下通常所产生的行为相同的程度）。所以，我认为：在一般情况下，德瓦尔不应该给我贴上“饰面理论家”这一标签，那些饰面理论家是将道德看作一种“文化涂层”的。

无可否认，我的确认为我们的某些具有遗传基础的道德直觉（**有时**）容易受一些会使之远离真正的道德的微妙偏见的影响。但即使在这里，我也与

"饰面理论家"的典型特征不相符合,因为我相信:这些偏见自身也是有其基因基础的,而不只是"文化涂层"。例如,在决定如何发挥正义感的作用上,即在裁定谁做得好不好、谁的抱怨是合理的或不合理的上,人类似乎自然会赞同那些对家人和朋友有利而对敌人和对手不利的判断。显然,德瓦尔是将人类看作在某种相当普遍的意义上是"性本善"的,而他似乎是将这种观点与"自然主义理论"相联系的。我不赞同德瓦尔的这一观点,其原因之一就在于此(这种偏向的不公正性)。

其实,我属于第三种道德理论家。我相信:(1)人类道德的"基础设施",即我们当做道德指南的以及包含某些特定的道德直觉的那部分人性,是植根于基因的,而不是一种"文化涂层";(2)这个基础设施受系统化的"腐败"(即对真正的道德的背离)的影响也并不少见,而这种"腐败"本身也是植根于基因的(并且,其基因之根可谓根深蒂固,因为:在演化过程中,它曾经是为我们祖先的达尔文主义利益服务的)。

按照这种观点,尽管我们的道德判断是经过一种看似自觉的、理性的、深思熟虑的认知过程得出的,但这种判断仍然会因情感因素的微妙影响而带有偏见。例如,对对手稍有一点不自觉的敌意倾向,或许就会使我们在判断他是否犯了某种罪的过程中带上偏见,即使我们确信自己已客观地衡量过证据。我们或许会真诚地相信:我们认为他应该(比如说)被判死刑的意见是一种未受情感影响的纯粹认知的产物,但实际上,情感的影响可能是决定性的,并且,这种情感影响是被自然选择"设计"成了那个样子的。

我自己的看法是:如果每一个人都更清醒地意识到情感会微妙地使其道德判断带上偏见,那么,这个世界就会变得更美好,因为我们就不大可能遵从这些道德上腐败的偏见了。由此,我看到,任何事物都有某种使人们在这方面更具有自我意识的功效。我认为:用情感性的拟人化语言来描述黑猩猩社会生活的某些方面,除了基于纯然科学的理由是合情合理的外,就还具有这种效果。弄清情感如何微妙而有力地引导黑猩猩的行为,有助于我们弄清情感如何微妙而有力地影响人自己的行为,包括那些我们喜欢将之视为纯粹是出于理性的行为。

让我们换一种方式来看看这件事：当我们看到黑猩猩以像极了人的方式行事时，我们至少会用两种方式来描述这种相似性。我们可能会说："天哪，黑猩猩要比我曾经所认为的更了不起！"——当我们将他们的行为看作由认知所驱动时，我们尤其容易得出这样的结论。或者，我们也可能会说："哎呀，人类其实并没有我所想的那么高贵！"——如果我们看到相对简单而古老的情感可以让黑猩猩产生看起来很复杂的行为，并由此推测人类也是如此时，我们尤其容易得出这样的结论。后一种结论，除了是合理的外，还很有启发性。

最后，我想强调的是：在德瓦尔的《黑猩猩的政治》一书中和他在其他地方所使用的拟人化语言中，我对其中的大部分内容都没有异议（如他推测性地将"荣誉"感，即某种像骄傲的东西，归给了黑猩猩）。不过，我的确认为，我所引用的那两个例子在告诉我们：它们并非与德瓦尔关于道德的（在我看来过于简单的）"装饰面板"与"自然主义"的二分法全然不相干。我认为：懂得情感会如何微妙而有力地影响到行为，只是通向知晓我已概述过的第三种道德理论的存在以及它的重要性的第一步。

我很想把这第三种理论取名为"自然主义饰面理论"，因为它的确将人类看成是一种常常用某种道德面纱来掩盖自私动机的动物，但它将那层装饰面板的构建过程本身看成是有遗传基础而非仅有文化基础的。不过，这个标签也有其缺点——它没有传达出：我们的许多的自然的道德冲动的确是会产生真正的道德后果的（至少在我看来是这样）。在这种情况下，将"自然主义"与"装饰面板"结合在一起，要比让它们彼此独立会使我们更接近真理。

道德与人类行为的独特性

科尔斯戈德

共有属性/个人利益与社会利益/动物的意图/自治能力/既得利益

与其他行为方式相比，那种使我们人而非任何其他物种成为有道德的动物的行为方式，到底有什么不同之处呢？

——德瓦尔*

有道德的动物须具备将其过去和未来的行为或动机进行比较并进而对之表示赞同或反对的能力。我们没有理由假设任何一种低等动物有这种能力。

——达尔文**

我们面临着两个问题。其中一个是德瓦尔称之为“饰面理论”的道德理论的对与错。从根本上说，这种理论将道德看作覆盖在根本上是非道德的人的本性上的一层薄薄的装饰面板。按照饰面理论，人类是无情且自私的动物，人们遵守道德规范只是为了免受惩罚或谴责，只有在他人关注时，或没有强烈诱惑来诱使人们放弃遵守这些规范的承诺时，人们才会遵守它。第二个问题是：道德是有着人类演化史上的根源的，还是代表着与我们的过去的某种彻底决裂？德瓦尔建议：通过举证自然界中我们的近亲所表现出来的看起来与道德密切相关的倾向——同情、拟他

---

*《性本善：人类与其他动物中的是非善恶观念的起源》，马萨诸塞：哈佛大学出版社，1996 年，第 111 页。

**《人类的由来及性选择》[*The Descent of Man , and Selection in Relation to Sex*(1871)]，普林斯顿：普林斯顿大学出版社，1981 年，第 88—89 页。

性同心、分享、解决冲突等,将这两个问题放在一起解决。他的结论是:在我们与其他有智力的灵长目动物所共有的基本社会属性中,我们可以找到道德的根源;因此,道德本身是深深地植根于我们的本性之中的。

我从第一个问题开始讨论。在我看来,饰面理论确实不怎么吸引人。在哲学上,它自然而然就会与某种关于实践理性及其如何与道德相关的观点联系在一起。按照这一观点,我们认为合理的以及我们自然而然就会去做的事都是为了使我们的个人利益达到最大化。于是,道德作为一套约束个人利益最大化的规则登场了。这些规则可能是建立在某种促进共同利益而非个人利益的因素的基础上。或者,若按道义论来讲,这种规则是建立在对诸如正义、公平、权利或类似的其他因素的考虑之上的。饰面理论认为:在这两种情况中,这些制约因素都是与我们追求对自己来说最好的自然的理性倾向唱反调的,因而是不自然的、很容易被打破的。德瓦尔似乎接受了这种观点——追求自身利益最大化是合理的,但又想要拒绝这一相关的观点——道德是不自然的;因此,他倾向于赞成一种基于情感或情感主义的道德理论。

饰面理论存在许多问题。首先,尽管它在社会科学中很流行,但将追求自己的最大利益当做实践理性的原则,这一点从未得到过证明。要表明它是实践理性的原则就必须证明它的应然性基础。在哲学家中,我能想到的只有少数人——巴特勒(Joseph Butler)、西奇威克(Henry Sidgwick)、内格尔(Thomas Nagel)以及帕菲特(Derek Parfit)——等曾沿着这种思路做过某些尝试。* 正

---

* 巴特勒的相关言论见他的《罗尔斯教堂讲道文十五篇》(*Fifteen Sermons Preached at the Rolls Chapel*,1726),部分重印于《罗尔斯教堂讲道文五篇及论美德的本性》(*Five Sermons Preached at the Rolls Chapel and A Dissertation Upon the Nature of Virtue*),达沃尔(Stephen Darwall)编,印第安纳波利斯:哈克特出版公司,1983 年;西奇威克的相关言论见他的《伦理学方法》(*The Methods of Ethics*,第 1 版,1874 年;第 7 版,1907 年),印第安纳波利斯:哈克特出版公司,1981 年;内格尔的相关言论见他的《利他主义的可能性》(*The Possibility of Altruism*,普林斯顿:普林斯顿大学出版社,1970 年);帕菲特的相关言论见他的《理性与人》(*Reasons and Persons*,牛津:克拉伦登出版社,1984 年)。关于为这种假设的理性原则提供一种常态或规范性基础问题的讨论,参见美国堪萨斯大学 1999 年作为林德利讲座出版的我的《利己主义的神话》(*The Myth of Egoism*)一书。

如巴特勒早就指出的:人们实际上所做的是在追求自己的最佳利益,这一观点是相当可笑的。*

其次,我们还不清楚:当自私或利己概念被用于一种其社会性与人一样强的动物身上时,它是否有足够的合理性。毫无疑问,我们有一些不可或缺的私人利益,如食欲和性欲的满足。但我们的个人利益并不限于**拥有**事物。我们还有**做**事情及**作为**事物存在的兴趣或利益。在这些个人利益中,有许多使我们不能全然反对社会利益,原因很简单:离开了社会及其所支持的文化传统,这些利益就不能被理解了。你想要成为世界上最伟大的芭蕾舞演员,这可以理解;但你想要成为世界上唯一的芭蕾舞演员,那就不可理解了;因为,至少我们可以说:如果只有一个,那就等于没有。即使对拥有事物来说,也存在着不懈追求自身利益的一个限度。如果你拥有世界上所有的钱,那么,你并不会成为富人。当然,在这个世界上,有些人是与我们自身的利益不可分割的,对于他们,我们也是有真正的兴趣的。因此,认为我们能清楚地将自己的利益与他人利益分开或对立起来的想法,至少是牵强的。

不过,这还不是饰面理论最深层次的错误。道德不只是阻碍我们追求自我利益的障碍物。道德标准规定了我们中的大多数人在大多数情况下觉得自然并乐于接受的与他人发生关联的方式。根据康德的观点,道德要求我们把他人当做他自身的目的来看待,而不能仅仅把他人当做我们达到自己的目的的手段。当然,我们没法在任何情况下都按照这个标准来对待所有的人。但那种从不以**他人**为其自身目的或从不期望以这种方式被他人对待的人,其形象甚至要比那些总是这么做的人的更难以识别。因为我们那时所设想的就是那种总是把**他人**当做工具或障碍,并总是期待着也以这种方式被对待的人。我们所设想的是那种在日常交谈中从不自然而然且不假思索地说实话的人,

---

*"男人每时每刻都在为幻想、好奇心、爱或恨及各种游移不定的倾向而牺牲已知的最大利益。令人感叹的不是他们在当下世界中对其自身的好处或利益有这么大的关注——因为他们关注得还不够,而是他们对他者的利益关心得那么少。"参见:巴特勒的《罗尔斯教堂讲道文五篇及论美德的本性》第21页。

是那种不断地算计着自己对他人所说的话在促进自己所要做的事情上会有什么效果的人。我们所设想的是那种即使被哄骗、伤害、漠视也不会怨恨这种行为的人(尽管他也不喜欢这种行为),因为在内心深处,他是这么想的:一个人真正有理由期望从他人那里得到的无非就是这些东西。于是,我们所设想的就是一种生活在深深的内心孤独状态的人;在这种人眼里:世界中唯一一个是人的存在物就是他自己,而别人都不过是些可能对他有用的东西而已;尽管在这些东西中,某些也有智力与感情生活,因而可以交谈或反击。* 那种认为在一层薄薄的装饰面板的掩盖下,大多数人都是或渴望是这副样子的——这种观点未免太荒谬了。

但是,那种认为非人动物的行为是由利己动机所促动的想法也是荒谬的。个体自身的最大利益包括些什么概念?若要有意义的话,需要以某种把握未来的能力和计算能力为基础,这种能力即个体能被自身的整体或长期利益这种抽象概念所**促动**的能力。在思考非人动物的行为时,自私的概念恐怕是完全不适用的。我完全没有否认其他有智力的动物也会根据目的来行事的倾向,但我认为:这些目的只是局部且具体的——吃某种东西、与某个个体交配、避免受到惩罚、找个乐子、阻止斗殴等等,而不是做那种在整体上对自己最有益的事。非人动物不是自私的。看来,更有可能的是,用法兰克福(Harry Frankfurt)的话说,它们是肆意而为的,即按照最急切的本能或欲望或情感来行事。学习与经验可以改变它们的欲望的缓急顺序,从而导致不同的欲望都可能成为最急切的:对受惩罚的前景的预想会将动物的激情抑制到使之克制住自己的食欲的程度,但那与计算什么是自己的最大利益和被自己的长期利益概念所激励是两回事。基于上述各种理由,在我看来:饰面理论是相当不合理的。因此,我想把它放到一边去,以省下时间来谈谈德瓦尔的更加核心也更为有趣的问题,即在我们的演化出来的本性中,道德的根源在哪里,它的根扎得又有多深。

---

*这些观点的某些部分应归功于内格尔,见他的《利他主义的可能性》第82页及其后。内格尔将这种情况称为一种"实用的唯我论"。

如果有人问我,我个人是否相信其他动物要比大多数人所以为的更像人类,或者我是否相信在人类和其他动物之间存在着某种深层次的不连续性,我不得不说:这两者都对。在思考这一问题时,重要的是要记住:在德瓦尔称为"反拟人论"的论调中,人类有一种既得利益。对非人动物,我们吃它们的肉,穿它们的毛皮,对它们进行令其痛苦的实验,为了我们自己的目的而关押它们(有时甚至是在有害健康的情况下),我们役使它们,还随意屠杀它们。在不考虑由这些做法所产生的紧迫的道德问题的情况下,我认为:这样说是合理的,即如果我们认为被吃、被穿、被用来做实验、被关押、被役使、被杀这样的事情发生在它们身上与发生在我们身上的意义不可能是一样的,那么,在如此对待我们的伙伴物种上,我们就更有可能心安理得。而这种心安理得又似乎更有可能使我们关于非人动物的观念达到这样的程度,即认为它们在情感与认知生活上是与我们不同的。当然,在否认我们自己与其他动物的相似性上我们有既得利益这一事实,并不表明就一定存在这种相似性。但一旦你纠正了那种既得利益,那么,对此,你就几乎没有理由怀疑了:德瓦尔所做并描述的观察和实验,以及我们与动物伙伴的日常互动,的确表明了他们似乎要表明的东西,即:许多动物在很多方面,如聪明、好奇、友爱、好玩、专横、好斗等方面,都是与我们非常相似的。

但我也没有发现完全的渐进主义很有吸引力。对我来说,人类相对于其他动物的显著特性似乎在于我们所精心打造的文化、历史记忆、具有极其复杂的语法和精致表现力的语言、艺术、文学、科学、哲学,以及讲笑话等活动。在这个清单中,我还要补充一些不常被列入但应该被列入的东西,那就是人的令人吃惊的跨物种交友能力,以及诱使与我们生活在一起的其他动物也这样做的能力。我也倾向于赞同弗洛伊德和尼采的观点:人类似乎以意味着与自己的本性决裂的方式使自己受到了巨大的心理巨创,但他们对道德的演化所作的这种相当博眼球的解释,似乎对德瓦尔没有多大吸引力。从亚里士多德开始,老式的哲学研究就一直在试图找到人与其他动物的根本不同,以便用它来统一解释人与其他动物的所有其他的不同。作为一名非常老式的哲学家,我也被这种解决方案所吸引。现在,我想要做的就是,关于道德,我也来谈论一种那种性质的解决方案,即:在何种程度上,道德代表着我们与自己的动物性的过去的决裂。

道德标准是调控行为方式的标准,这样,就出现了动物在何种程度上是有道德的或算是初步有道德的生物的问题,因为毫无疑问,它们也有行为。德瓦尔的结论大部分来自于对动物们**做**什么的考虑。在他的书中,德瓦尔经常提出对动物行为及其作用的各种可能的意图论解释,并描述了那些专门用来验证哪一种解释是正确的实验。一只僧帽猴在看到自己的伙伴从实验者那里拿到一颗葡萄时,会拒绝接受一片黄瓜——她是在抗议不公平呢,还是只是在为一颗葡萄而拖延时间呢?黑猩猩分享食物,是因为他们感激那些帮其护理过毛皮的同伴呢,还是只是因为毛皮护理给他们带来了一种轻松愉快且友善慈爱的心情呢?有时,对动物行为的像是演化论的解释似乎渗透进了意图论的解释。正如德瓦尔在《性本善》一书中所说的,黑猩猩是"会为了那种符合自己的最大利益的社群而努力奋斗的"。* 鉴于我已经提到的理由,我认为:说一个黑猩猩的心里有任何与此相似的东西,是很难让人相信的。但在其他地方,德瓦尔又仔细地对下述两个问题上做了区分:猴与猿在何种程度上会有意或故意地做他所谈论的事情?是什么解释了它们有这样做的倾向?德瓦尔自己也严厉谴责了饰面理论家从基因的"自私性"来推断我们(显意识层面)的意图的自私性的做法。

无论认为动物是带着某种目的意识来行动的想法是否可信,意图问题都是从行动着的动物自身的观点看它做某事的事件看起来如何的问题。我认为,我们能否在动物的行为中发现道德的起源取决于我们如何准确地解释它们的意图以及其意图"好"不好——这种想法是很有诱惑力的。在我看来,至少在采取最明显的方式的情况下,这是一个错误。如果你持哈奇森(Hutcheson)与休谟所赞成的那种情感论的道德观的话,那么,这倒似乎有点道理;因为:根据这些思想家的观点,行为的道德性质是由旁观者赞同或不赞同来确定的。至少在休谟所说的"自然美德"的情况下,这些思想家认为:行动者做

---

* 见 *Good Natured*, p. 205。

在道德上善的事是不必由明确的道德考虑所驱动的。事实上,正是由于这个原因,一些 18 世纪的情感主义者及其批评者们明确讨论了这一问题,即:按照这一理论,人以外的其他动物是否也可以被看成是有道德的。哈奇森的直接先行者夏夫兹伯里(Shaftesbury)曾断言:如果你没有道德判断能力,那么,你就不能算是有道德的;因此我们不会把一匹好马说成是有道德的。* 但根据这种理论,道德判断不必在道德动机中起作用,其中的原因则还不清楚。哈奇森因此大胆断言:那种认为"缺乏反思的动物"也具有某种"低级的美德"的观点并非谬论。** 尽管德瓦尔赞赏情感主义道德理论,但他否认他的案例只是以我们认可其具有意图的动物的存在为依据的,他说:"问题不在于动物是否互相友好,也不在于它们的行为是否符合我们的道德喜好。真正重要的问题,不如说,是动物是否具有交互式利他及报复、执行社会规则、解决争端、同情与拟他性同心的能力。"但是,他似乎与这些早期的情感主义者共有着一个假设,即行为是否是道德的关键在于行为者在行动时所抱的意图如何。

我认为:这个假设是错误的,为了解释其原因,我想更为仔细地审视一下有意或有目的的行动的概念。我认为,这个概念并没有划出某种单一的现象,而是把可在一定范围内变动的许多事情都圈入了其中。只是在那一范围之内的某个点,上才会出现行为是否具有某种道德性质的问题。

---

*《论美德与功德》(*An Inquiry Concerning Virtue or Merit*,1699)。我的引文来自拉斐尔(D. D. Raphael)的《英国道德家》(*British Moralists*)第一卷,印第安纳波利斯:哈克特出版公司,1991 年,第 173—174 页。

**《我们的美德或道德上的善观念之原型探询》(*An Inquiry Concerning the Original of our Ideas of Virtue or Moral Good*,1726),《道德家》(*Moralists*)同上,第一卷,第 295 页。在一部后来的著作中,哈奇森认为:我们的行动可能是出于道德上的考虑这一观点是令人困惑的[《道德感例解》(*Illustrations on the Moral Sense*,1728),皮奇(Bernard Peach)编,麻省剑桥:哈佛大学出版社,1971 年,第 139—140 页]。休谟的观点的出处是《人性论》(*Treatise of Human Nature*),第三卷(1739—1740),第二版,塞尔比-比格(L. A. Selby-Bigge)与尼蒂奇(P. H. Nidditch)编,牛津:牛津大学出版社,1978 年。对道德思想中的道德动机的作用的主要讨论见《人性论》第三卷第二部分第一节,第 477—484 页。

在那一范围的底部,是可对之作意图性或功能性描述的活动的概念。这种形式的意图概念适用于任何一种有着某种功能性组织的事物,不仅包括人类与动物,也包括植物与机器。对一种按功能组织起来的事物来说,某些活动可说成是具有某种目的的。心脏为了输送血液而跳动,闹钟为了唤醒人而响铃,计算机向你提示拼写错误,植物的叶片为了收集阳光而朝着太阳向四面八方伸展。这并不意味着这些活动所为之服务的目的早就存在于进行这些活动的物体的心灵之中,或者甚至早就存在于这些物体的创造者的心灵之中。将目的归于这些活动只是反映了这样一个事实,即这种事物是按功能组织起来的。

对有生命的东西来说,尤其是动物(包括所谓的"低等动物"),这种有目的或有意的活动中的某些活动是由动物的意念所引导的。鱼会游向水面受扰动的地方(这意味着那里可能有一只昆虫);当你想用报纸去拍一只蟑螂时,它会钻到有东西可供遮蔽的地方去;蜘蛛会朝被蛛网逮住的蛾那边爬。现在,我们已开始忍不住要使用行动语言了,其中的原因很清楚:当动物的活动由其意念所引导时,这种活动是由其心智的控制的;而当活动处于心智控制之下时,我们就很想说:它们处在动物的自我控制之下。毕竟,正是这一点造成了行动(action)与单纯的活动(movement)之间的差异:行动可以归因于行动者,行动是在行动者的自我控制下完成的。在这个层面上,我们应该说动物是有意或有目的地行动的吗?这取决于你如何理解这个问题。如果动物指导着活动,那么其**活动**就是有意或有目的的活动。在这个意义上,动物是带着某个目的而行动的;但在这个阶段,也没必要说:这个目的是以某种方式出现在动物的心中的。诚然,当我们试图从动物的视角看待这种情境时,当我们自问动物意识到什么决定了它的活动时,我们就几乎无法抗拒将它说成是有目的的了。如果不是因为蜘蛛将蛾**看作**食物及想要获得食物的意识,它又为何会朝那只被蛛网逮住的蛾爬去呢?但无论我们对蜘蛛的意图的理解确切到了什么程度,我们都不必将事情解释成:那蜘蛛有着它正在努力获得什么这样一种令人愉快的思想。

可是,一旦我们所面对的是一种高智商的动物,那么,我们就没有理由**不**去假设它们的目的会出现在其心智之中了。此外,我也看不出有任何不该做如下假设的理由:动物的意识水平——从一只蜘蛛在知觉的引导下爬向一只蛾时所发生的**心理**现象到诸如**你想要什么**这么明确的认知意识——是连续渐变的。而当这种明确的认知意识已具备时,从经验中学习如何获得你所想要的东西及避免接触你所不想要的东西的可能性就会大大提高。一个个体可以通过训练不断地从经验中学到一些东西,但一旦你明确意识到你的目的,你还可以开始借助思考和记忆从经验中学到东西。

但即使存在那种连续渐变性,这种说法仍然是对的,即:那种能在心中抱有目的,甚至有如何达到目的的思想的动物,会比那些意识能力较低的动物如蜘蛛,对自己的活动作更大程度的有意识控制,因而是更深层次意义上的行动者。现在,正如德瓦尔提供的某些案例所显示的,在什么才是对行动的适当的意图性描述这一问题上,还存在着争议空间,因为:正是在这一层次上,我们才开始致力于使我们对行动的意图性描述与从行动者自身角度看所发生的事相一致。(弗洛伊德所说的那种口误会给我刚刚提出的主张带来问题,但现在我想把它置之一旁。)这一点是与先前的不同的:当我们将蜘蛛说成"正在试图获得食物"时,我们并不在乎那只蜘蛛是否知道自己正在做什么。在蜘蛛这一层次上,对活动的意图性描述与对它的解释以这种方式齐头并进,是自然的。但一旦行动者抱有有意识的目的,那么,对行动的意图性描述就必须以在行动者自身看来是如何的方式来进行描述。正是在这个层次上,我们才努力使对行动的意图性描述与行动者自身的想法相符合,正因为如此,问这样的问题——那只僧帽猴是在抗议受到不公平对待还是只是为了要葡萄——才是有意义的。所以,所有这一切代表了一种更深层次的方式,在这种方式中,一种行动才可以说是"有意的"。

但一些哲学家不相信这就是最深层次的意图。在我刚刚描述过的那个层次的意图上,动物是知道自己的目的并思考如何去实现它们的;但它并未选择去实现那些目的。动物的目的是由与关涉情感的心理状态(即情感、本能或习得的欲望)所给予的。即使在动物必须在两个目的之间选择其一的情况下(比如说:一只雄性想与一只雌性交配,但这时却来了一只更大的雄性,而它又想要避免一场战斗),选择也是根据它的关涉情感的心理状态的强度来作出的。

有些哲学家认为,更深层次的评估及相应选择是可能的;康德派的哲学家就属于这样的哲学家。除了问问你自己如何才能得到你最想要的东西之外,你还可以问问你自己你想要这样东西是不是你为之采取这种行动的一个好的理由。问题不仅涉及这一行动是否实现你的目的的有效方法,而且,即使在这一问题的答案是肯定的情况下,它还涉及你想要达到的这一目的是否为你采取这一行动提供了合理性依据。当然,众所周知,康德认为:提出这一关于某个拟做行动的问题采取了一种特殊的形式:你精确地表达了他称为准则的东西——我会为了达到这一目的而采取这一行动,并且,你还让这一准则接受绝对命令的考验。你问你是否可把它当做一个普遍规律,从而,每一个希望实现这种目的的人都应该做这种行动。实际上,你问的是:你所遵循的准则是否可以当做一种理性原则。康德认为:在某些情况下,你会发现你不能将你所遵循的准则当做一种普遍规律,于是,你不得不将合乎那一准则的行动当做错误的来加以拒绝。即使你的确认为那种行动是合理的而且也确实做了,你的行动也不只是出于你的愿望,而是还出于你的判断——那种行动是合理的。

为什么我说这是一种更深层次的意图呢?首先,能够做这种形式的评估的行动者肯定是能够拒绝一个行动及其目的,这并不是因为有某种她(或他)更想要(或害怕)的东西,而只是因为她(或他)认为因那种目的而做的事情是错误的。在《实践理性批判》(*Critique of Practical Reason*)中的一段名言中,康德认为:为了避免做错事,我们甚至**能够**将我们最迫切的自然欲望——保全我们的生命,保证我们所爱之人的安康——都置之一旁。康德给出了这样一个事例:一个国王想要除掉一个无辜的人,他让一名男子为之作伪证;若这名男子违反命令,那他就会被处死,其家人也会受连累。虽然没有人能肯定地说:在这样的情况下,这名男子会怎样做;但康德认为:我们每个人都必须承认,我们能做正确的事情。* 即使我们能这样做——当我们不能以任何正当方式追

---

*《实践理性批判》(1788),格雷戈尔(Mary Gregor)译,剑桥:剑桥大学出版社,1997年,第27页。

求我们的目的时,我们能将它们置之一旁,但从某种意义上说,当我们**真正**决定要追求某个目的时,我们仍然应当被看作已经**采纳**了那个目的。我们的目的会通过欲望和情感表现出来,但这些目的并不是由我们的关涉情感的心理状态所决定的;因为:如果我们认定追求这些目的是错误的,那么,我们就可以将它们置之一旁。我们不仅选择实现目的的手段,我们还选择目的本身,因而,这是更深层次上的目的性。因为:当我们在选择我们的目的及实现目的的相应手段时,相比于动物,我们人对自己的活动进行了更深层次的控制。(动物的目的是由其自身的欲望和情感状态所给予的,尽管它们可以有意识且富于智谋地达到它们的目的。)换一种说法:作为人类,我们不仅仅**具有**或好或坏的意图,我们还要评估并采纳它们。我们有能力按照应然性标准进行自我控制或进行"自治"(康德语)。道德正是在应然性层次上出现的。你的行动的道德不是一种你的意图的内容的功能,而是一种按应然性标准进行的自我控制活动的功能。*

在《性本善》中,德瓦尔提出了这样一个问题:"与其他行为方式相比,那种使人类而非任何其他物种成为有道德的动物的**行为**方式有什么不同之处呢?"我认为:上述结论可作为这个问题的一个答案。不过,虽然我相信自治的能力是人类的特征,且可能是人类所独有的能力,但这种能力在动物界能发展到什么程度,无疑是一个实证问题。关于应然性自治能力,不存在什么不自然、非自然或神秘的东西。它所需要的是某种形式的自我意识,即你**把其当做行动的根据**的那种意识。我的意思是:一个非人类行动者可能会有其害怕或欲求的对象的意识,觉得那对象是**可怕的**或**合乎己愿的**意识,以及将对象看作应该回避或寻求的意识。那是他行动的基础。但除此之

---

* 我刚才所给出的观点虽然看起来可能根本就不算醒目,但它却曾导致康德得出了如下结论[见他的《道德的形而上学基础》(*Groundwork of the Metaphysics of Morals*,1785)第一节]:"出自义务的行动有它的道德价值,但这种价值不是相对于它要达到的目的来说的,而是相对于决定行动的准则来说的。"引自格雷戈尔的译本(剑桥:剑桥大学出版社,1998年),第13页。

外,理性的动物还有她害怕或欲求对象的意识,以及她因此而倾向于以某种方式行动的意识。* 这就是我所说的“**作为根据的**理由意识”这一说法的含义。**作为理性的动物**,她不会只想到她所害怕的对象或它的可怕性,她还会想到自己的害怕和欲望本身。一旦意识到你正在以某种方式被驱动,你就与那种动机有了一定的反思性距离;这时你就能问自己:“我应该以那种方式被驱动吗?要那种结果使我倾向于作出那种举动,但它真的给了我一个那样做的理由吗?”在这种时候,你就能提出你**该**做什么的应然性问题了。

总之,我认为:这种关于信念和行动理由的自我意识是理性的本源,这种(关涉理由的)理性能力与(不关涉理由的)智力是不同的。智力是这样一种能力,它可以了解这个世界,从经验中学习,建立新的因果联系,并把这些知识应用到追求目的的活动中去。与此形成对照的是,理性则是一种内向的能力,它**关注**的是心理状态与活动之间的联系,即:我们的行动是否因动机而正当,我们的推论是否因信念而合理。我现在所谈论的是高智力非人动物的行动,我认为:与此相平行地,我们还可以谈论一下它们的信念。非人动物可能有信念,且可能在证据的影响下得出那些信念,但若要成为那种会自问是否真的有证据证明自己的信念是合理的、并会对自己的结论作相应调整的动物,那还要继续向前跨出一大步才行。**

亚当·斯密及追随他的达尔文都认为:给应然性自我控制能力一个说明,对于解释道德的发展是十分必要的,因为它对于解释何为“应该”是十分必要的,正如达尔文所说的:“那个短而傲慢的词——**应该**,具有十分重要的意义”。*** 有趣

---

* 以你的信念和行动根据作为理由的意识是一种**自我**意识,因为它涉及将**你自己**看作某些心理活动的**主体**。[在这两句话中,作者以阳性的“他”来指称非人类行动者,而以阴性的“她”来指称理性发达的人类行动者。这应该是身为女性的作者所具有的雌性或女性优越于雄性或男性的思想的流露。(从某些生物学角度看,译者认为这种思想是合理的。)同时,这也是译者在此按字面意义翻译这两个人称代词的理由。——译者]

** 在《应然性的本源》(*The Sources of Normativity*,剑桥:剑桥大学出版社,1996年)中,我奉行了这一主张。

***《人类的由来》,第70页。

的是,他们俩都通过诉诸于我们的社会本性来解释它。* 亚当·斯密的解释是:它是他者对我们自己的反应的同情,这种同情首先将我们的注意力转向内部,在我们的意识内部创立起作为有待判断的我们自己的动机和特性意识。对亚当·斯密来说,同情是一种把自己放在他者的位置上,思考如果自己处在他者的处境中自己会如何反应的倾向。如果他者的感受及相关的行动与我们的设想——若在他的位置上自己会怎样——相一致的话,那么,我们就会认为他者的感受与行动是**正当的**。亚当·斯密认为:如果人类是孤居独行的,那么,我们的注意力就会朝向外部。在这种情况下,一个害怕狮子的人就会想着那只狮子,而不是他自己的恐惧。因为我们是社会性动物,同情会使我们去考虑,从他者的角度来看我们自己会显得如何,并体验到一种他者对我们的感受。通过他者的眼睛,我们成了我们自己行为的旁观者;正如亚当·斯密所说的:我们在**意识**内部分化成了一个行动者和一个旁观者,并形成了关于我们自己的情感和动机的正当性判断。那个"内在的旁观者"将我们的有待仔细思考和评判的自然欲望转化成了一种更深层次的东西,一种值得称赞的欲望。认定我们值得赞扬就是认定他者应该赞扬我们,那个知道我们的内在动机的内部旁观者就能做这样一个判断。我们就这样发展出了一种能力,一种以有关我们应该做什么及我们应该像什么的想法作为行为动力的能力。**

达尔文曾猜测:应然性自我控制能力起源于我们受社会本能和自然欲望影响的方式的差异。社会本能对心灵的影响是持续而平静的,自然欲望对心

---

* 弗洛伊德与尼采也诉诸于我们的社会本性来解释道德的起源。他们认为:我们的自我控制能力是我们将我们的统治或支配本能内化并使之与自己为敌的结果。从心理学上讲,统治或支配现象似乎是这样的地方,在其中,我们有望找到以应然性为行为动机的能力的演化论起源。这一点,我已在《应然性的本源》第157—160页中提出过。弗洛伊德的解释请参见《文明及其不满》[*Civilization and Its Discontents*,斯特雷奇(James Strachey)译,纽约:诺顿出版社,1961年],特别是其中的第7章。尼采的解释请参见《道德的谱系》[*The Genealogy of Morals*,考夫曼与霍林戴尔(R. J. Hollingdale)译,纽约:兰登书屋,1967年],特别是其中的第二篇文章。

** 亚当·斯密,《道德情感论》(*The Theory of Moral Sentiments*,1759),印第安纳波利斯:自由经典出版社,1982年。

灵的影响则是间歇与尖锐的。因此,社会动物会在频繁的诱惑下为了满足自然欲望而违背自己的社会本能,比如:动物在交配时会忽视它的后代。但这样的体验是大家熟悉的:自然欲望的满足对主体的重要性在不同的时候是不同的,与已得到满足时相比,正在被欲望所控制时,欲望的满足在主体眼里会显得更重要些。因此,一旦社会动物的心理能力发展到能记得对这种诱惑听之任之(而不受其惑)的地步,那么,对这些动物来说,这些诱惑就会显得不值得去为之劳神费力了,最终,这种动物就会学会控制住自己满足欲望的冲动。达尔文认为:以"应该"这一专横的词为行为动机的能力就起源于这种经验。*

在一篇名为《对人类历史开端的猜想》(Conjectures on the Beginnings of Human Histrory)的文章中,康德曾猜测:作为自治能力的基础的自我意识也可以在解释人类所特有的一些其他属性时发挥作用,这些其他属性包括文化、浪漫的爱、以及出于自私而行动的能力。其他哲学家也已经注意到这种自我意识与语言能力的联系。在此,我不能加入对那些问题的讨论;但如果他们的看法是对的,那么,他们就会为只有人类才具有这种形式的自我意识的观点提供证据。**

如果上述观点是对的,那么应然性自我控制能力以及与此相并行的深层次的有意控制能力就可能是人类独有的。我们具有形成我们应该做什么的判断并依之而行动的能力。道德的本质就在于这种能力的适当运用,而不是利他或追求更大的善。因此,我不赞同德瓦尔所说的这番话:"我们并不像猿类所做的那样,只是致力于改善周围的各种关系,此外,我们还有着关于社群的价值以及社群所具有或应具有的高于个体利益的优先性的明确的教义。在这方面,人类要比猿类走得远得多,这就是为什么我们人有道德体系而猿类没有

---

*《人类的由来》,第 87—93 页。

**《对人类历史开端的猜想》(1786)一文可在《康德政治学文集》[*Kant*: *Political Writings*,第 2 版,赖斯(Hans Reiss)编,尼斯比特(H. B. Nisbet)译,剑桥:剑桥大学出版社,1991 年)]一书中找到。

的原因”(第58页)。这里的差异并不仅仅是程度上的。

能否以应该为行为的动力并不是一个小的差别。它意味着德瓦尔称为跳跃式变化的变化。一种由原则与价值观所控制的生活形式与由本能、欲望和情感所控制的(哪怕是非常富于智力和社交性的)生活形式是非常不同的。康德所说的那个宁愿面对死亡也不想作伪证的人的故事是崇高的道德戏剧里出现的内容,但我们的日常生活中总是会不断出现与它相似的现象。我们有着关于我们应该做什么、应该像什么的理念,我们也在不断努力使自己与这样的自我期待相符合。而猿类并不以这种方式生活。即使在难以做到诚实、有礼貌、负责任和勇敢的情况下,我们也会去努力做到。猿类有时也会表现得有礼貌、负责任和勇敢,但那并不是因为他们认为应该这样做才做的。即使是像十几岁的孩子那样努力表现出“酷”的原始现象,也是人想要过一种受观念指导而非仅由冲动和欲望所驱动的生活之倾向的一种证明。我们也深受我们的自我评价*之苦,并以病态与邪恶的方式行动。这就是当我说人类似乎在以一种意味着与本性决裂的方式受到了心理伤害时,我脑子里所想的东西的一部分。但这些都不是说道德只是覆盖在我们的动物本性之上的一层薄薄的装饰面板的借口。事实恰恰相反:人类行动的与众(多其他动物)不同的性质给了我们一种完全不同寻常的生存于世的方式。

我并不是说:人类按照原则和价值观生活,因而是非常高尚的;而其他动物不这么做,因而是卑下的。人类行动的独特性既是我们做好事的能力的来源,也是我们做坏事的能力的来源,它对这两种能力的贡献是一样大的。动物不能因其遵从自己最强烈的冲动而被认定有错并被追究责任。动物并非卑下的,它们不在适合对之作道德判断的范围内。我赞同德瓦尔的这一观点:从某种意义上说,施恶行的人“像动物一样”(“人对人是狼”)行动的说法,是很容易误导人的。但从另一种意义上说,说它是对非人动物的一种侮辱,那也不过就相当于:说一个脑损伤的人已成了一种植物是对植物的一种侮辱。正如第二句话是说他已远离他的动物本性一样,第一句话是说他已远离他的人类本

---

*实指人性本恶之类的评价。——译者

性。当一个人不带疑问或不假思索地就遵循自己最强烈的冲动而行动时,他就未能行使那种使我们称其为人的(按照应然性准则)对自己的行动进行有意控制的能力。这并不是不道德行为的唯一形式,但的确是其中的一种。

前面我说过,如果我们认为动物与人类是非常不同的,那么,对我们利用动物的各种方式,我们就可能会感到心安理得得多。因此,我很有必要说一句:我不认为我前面所说的那种差异应该给人带来那种心安理得。实际上,我的观点恰恰相反。在《性本善》一书中,德瓦尔讲过这样一个故事:一只愤怒的雄僧帽猴朝一个人类观察者扔东西。在扔完了其他可扔的东西后,那只雄僧帽猴就举起一只雌松鼠猴并朝那个人扔过去。对此,德瓦尔评论道:"动物似乎常常将属于其他物种的动物仅当做一种会走动的物体。"*但在将属于其他物种的动物仅当做会走动的物体来对待上,没有一种动物的罪孽比我们人更深重,并且我们人是唯一知道那样做是错误的的物种。作为能做该做之事并会为所做之事承担责任,能关心我们**是什么**而非只关心我们可以为自己**得到什么**的生物,我们人类有体面地对待其他动物的重大义务,即使为此付出代价。

---

*《性本善》,第84页。

伦理与演化:如何从那里到达这里

基切尔

饰面理论/内核固有理论/休谟—亚当·斯密之魅/心理上的利他

在改变我们对现存的与我们亲缘关系最近的物种的社会生活的理解上,德瓦尔所作出的贡献比任何其他灵长目动物学家都要多,可能只有古多尔例外。他的辛勤观察与实验已揭示出猿类有识别并回应同类的需求的能力,这些能力在黑猩猩与波诺波中表现得最明显,但其他灵长目动物也有这些能力。他对这些能力的表现方式的详细记述已解除了灵长目动物学家曾普遍具有的一种顾虑,即担心因假设灵长目动物具有复杂的心理状态和性情而被扣上感情用事的拟人论的帽子。因此,任何一名希望以灵长目动物的社会行为为镜子、并借助这面镜子来理解我们自己的各方面行为的学者,都会对德瓦尔深怀感激。

在泰纳讲座中,德瓦尔试图以他数十年深入细致的研究为基础,详尽阐述达尔文在《人类的由来》第5章中所设想的方案。他提出了这样的观点:人类的道德起源于我们与其他灵长目动物(尤其是那些在进化树上离我们最近的灵长目动物)所共有的社会性倾向。但正如他自己的观点一样,我对他的观点的概述在某些关键方面是含糊的:说道德"起源于"存在于黑猩猩中的某些特性,或者说道德是"一种我们与其他动物所共有的社会本能的直接产物",或者说"在本性深处"我们真的是有道德的,或者说"从演化史角度看构成道德的材料是很古老的",这些话究竟是什么意思呢? 在此,我想将德瓦尔所想表达的某个特定版本(德瓦尔心中可能已有这个版本)明确地表达出来,以将这一观点更准确、更清晰地呈现给读者。如果这一版本并不是他所想要表述的,那么,我希望它能够促使德瓦尔去找出一种比他之前所给出的表述更明确的表述。

实际上,我认为:德瓦尔自己的表述被他想要给对手的观点重重一击的欲望所牵制了。他想要驳倒的观点就是“饰面理论”。一种理论可被轻而易举地推翻掉这一事实应该在提醒我们:真正的问题可能还没有被揭示出来,更没有被解决掉。

按我的理解,饰面理论将动物世界分成了人与非人动物两个部分。其中,非人动物缺乏同情与行善能力;在可理解成有意的范围内,其行动是自私欲望的表达。不可否认,人类也常常被自私冲动所驱使,但他们有能力超越利己之心,使自己上升到能同情他者、抑制自己的卑劣倾向、为了更高理想而不惜牺牲自己的利益的层面。在心理上更复杂的非人动物中,自私倾向随处可见;我们人也有自私倾向,但除此之外,人类还有其他东西,即克制这种倾向的能力。我们的内心并非只有杂草;我们还有除草栽花的园艺能力。

德瓦尔将这种观点与赫胥黎联系起来;在1893年的著名演讲中,赫胥黎引入了“园艺”这个比喻。德瓦尔指责赫胥黎在这一点上偏离了达尔文主义,但对我来说,即使这种指责算是对赫胥黎的观点的一个恰当的陈述(我对此持怀疑态度),它是否具有正当的理由仍然是可疑的。一个在充分意义上是达尔文主义者的赫胥黎可能会说:人类的演化涉及一种心理特性的出现,这种心理特性具有抑制另一部分心理特性的倾向;这不是说在我们之外有某种神秘的东西在反对我们的天性,而是说我们要经历一种在我们的生活中前所未有的内在冲突。当然,要求作为达尔文主义者的赫胥黎提供一种关于这一新机制是如何演化出来的解释,是完全合理的;但即使任何一种答案都将被证明只是猜测性的,赫胥黎关于道德是某种非自然的附加之物的假设仍然是无辜的。

我已简述过的那种饰面理论和德瓦尔曾论述过的理论对道德的起点与终点都采用了一种特定视角。追溯我们以往的演化过程,我们会发现:我们的祖先,即使是人类与黑猩猩共同的最晚近的祖先,都是缺乏同情与利他能力的。

现在人类有许多约束自私欲望的方法,饰面理论认为道德就是这样一套策略。反对这种形式的饰面理论的真正理由是:它对道德出现的起点的看法是错误的。关于黑猩猩与波诺波具有的关心他者的倾向,以及其他灵长目动物所具有的程度较轻的同一倾向,德瓦尔所获得的证据证明:饰面理论对道德的起点的看法是错误的。

认识到这一点应该是探究一段特定演化史的第一阶段,这段演化史就是从我们的祖先的某些心理倾向到构成了我们这个时代的道德行为之基础的那些能力的心理演化史。由于对那个起点很清楚——毕竟,他这一生中为之付出了许多,德瓦尔推翻了他所理解并认为理解得正确的那种饰面理论;但对于终点的性质,他仍然是相当不清楚的。德瓦尔之所以会有关于"构件"与"直接产物"的含糊的谈论,是因为他没有仔细思考过在黑猩猩的社会生活中会有预现或预示的人类现象。

有一种理论与饰面理论正好相反,我们或许可以称之为"内核固有理论"(Solid-to-the-Core Theory,简称为 STCT)。这种理论主张:道德之根存在于我们由之演化而来的祖先(动物的社会本性)中。也许,在关于人类的社会生物学风光一时的时候,有些人会很想跟内核固有理论开开玩笑,例如:设想人类的道德是为了避免乱伦(以及类似的单纯倾向)而退化为某些社会倾向的,并设想这些倾向可以为很大一个范围内的生物提供演化论的解释。* 实际上,内核固有理论实际上将导致了人类道德的演化过程的终点看成了与某种前人类的起点等同的东西。按德瓦尔的描述,这种理论与饰面理论在合理性上并

---

* 例如,参见:鲁斯(Michael Ruse)与威尔逊的《作为应用科学的道德哲学》(Moral Philosophy as Applied Science),《哲学》(*Philosophy*)第 61 卷,1986 年,第 173—192 页。尽管这篇文章对道德内容的论述过于简化,但我认为指责鲁斯和威尔逊一味迎合内核固有理论是不公平的。关于伦理学中的社会生物学探险的缺陷的讨论,请参见我的《勃勃的野心》(*Vaulting Ambition*)一书(剑桥,马萨诸塞州:麻省理工学院出版社,1985 年)的最后一章,以及《将伦理学"生物学化"的四种途径》(Four Ways of "Biologicizing" Ethics)一文[该文可轻而易举地在我的文集《在孟德尔的镜子中》(*In Mendel's Mirror*)中找到(纽约:哈佛大学出版社,2003 年)]。

没什么差别。所有有趣的观点都落在这两种理论之间的地方。

德瓦尔从已故的古尔德那里引用了一句话作为演讲的开场白,它出自古尔德在对人性的社会生物学解释作出回应时所说的一段话。我认为:我们有必要对古尔德的另一番评论性话语作一番思考,这番话是这样的:当我们说"人是由猿演变而来的"时,我们可以转换其意义的侧重点,我们既可以将侧重点放在连续性上,也可以放在差异性上。或者,改变一下这个观点;达尔文的"带有改变的继承"的说法抓住了演化过程的两个方面:继承与改变。德瓦尔的演讲中最令人不满意的地方就是他用含糊的语言("构件"与"直接产物")代替了关于什么被继承了和什么被改变了的任何具体的意见。只是对一种像他所说的"饰面理论"(或像内核固有论这样的理论)的观点作抨击是不够的。

实际上,德瓦尔所提供的东西比我此前已承认的要多一些。在过去的15年中,他一直保持着与演化伦理学(或伦理学演化)发展同步的状态;在这段时间中,社会生物学解释所青睐的幼稚的还原论已让位于将达尔文和休谟的观点结合起来的建议。无疑正如德瓦尔所正确地看到的那样,道德理论的情感主义传统已越来越受到哲学家的青睐:在这一伦理学传统中,亚当·斯密(至少)应享有与休谟同等的地位。正如已发生的事实所表明的那样,那些自诩为演化论伦理学家的人已感受到我称为"休谟—亚当·斯密之魅"的东西的魅力了。

这一魅惑在于将焦点放在同情在休谟和亚当·斯密提供的道德解释中所起的核心作用上。因此,首先,你声称:道德行为在于恰当的情感的表达,而同情是这种感情的核心。而后你认为黑猩猩具有同情能力,并得出他们拥有道德所需的心理能力的核心部分的结论。如果存在关于谈论同情所引起的"核心"作用或道德心理的"核心"意味着什么的忧虑,那么,灵长目动物学家或演化论理论家就可以卸掉这个负担。休谟、亚当·斯密及其同时代的拥护者已经弄清楚了同情在道德心理与道德行为中起作用的方式;灵长目动物学家证实了在灵长目动物的社会生活中起作用的同情倾向;演化论理论家展示了这种类型的倾向是怎样演化出来的。*

我将这一策略称为"休谟—亚当·斯密之魅"是想要表明:它远比许多作者(包括一些哲学家但主要是非哲学家)所认为的都更有问题。为了理解这些困难,我们需要探究一下"心理上的利他"(psychological altruism)概念,搞清楚灵长目动物行为研究已揭示出了什么类型的心理上的利他,并把它们与休谟、亚当·斯密及其后继者所乞灵的道德情感联系起来。

德瓦尔想把非人灵长目看作具有多种倾向的动物而不是只具有自私倾向的动物;而将"心理上的利他"视为涵盖这些倾向的包罗万象的术语也是有用的。按我的理解,心理上的利他是一个复杂的概念,它涉及个体根据自己对他者的需求与愿望的感知来调整自己的欲望、意图与情感。德瓦尔正确区分了心理层面与生物层面的利他概念,生物层面的利他概念是根据动物在繁殖方面付出的代价所促成的他者的繁殖成效来界定的;正如他所指出的:这个有趣的心理上的利他概念仅仅适用于有意行为,它可以与任何促成其他动物的繁殖成效的想法无关。

更确切地说,心理上的利他应根据个体在具体情境中的各种心理状态间的关系来设想,这些关系是随个体对他者的需求或欲望的觉察而改变的。尽管利他性回应可表现为情感或意图的改变,但参照愿望来引出这一概念可能是最简单的。设想一下:在某种环境中,有生物 A 与生物 B 两个个体;在该环境中,生物 A 的举动对生物 B 没有可感知到的影响;再假定 A 偏好某种特定的选择。尽管如此,对 A 来说,这种情况可能仍然存在,即在某种与前面所说的环境非常相似,但 A 对 B 有可感知到的影响的环境中,A 可能会宁愿采取另一种行为过程,一种他认为更有利于满足 B 的愿望或需求的行为过程。如果这些条件都得到满足,那么,A 就满足了对作为受益者的 B 有利他意向的最

---

* 为了能把深层或潜在动机考虑在内,需要改进由特里弗斯、阿克塞尔罗德和汉密尔顿开创的合作研究方法。在论文《人类的利他行为的演化》(The Evolution of Human Altruism)中(见《哲学》杂志,1993 年;重印于《在孟德尔的镜子中》),我提出了一种有适用可能性的研究方法。

低要求。不过,这些并不是充分条件,除非在 B 的利益是一个问题的情况下,A 对另一种更符合 B 的愿望或需求的可选行动的觉察,会引起 A 的行为倾向的改变;而且,这种改变不是由某种盘算所引起,这种盘算是指:进行另一种可选行动可能会让他者确信 A 的常态行为倾向。前面所说的这一切是为了阐明这一思想,即:使得一种愿望具有利他性的,是在对他者有可感知到的影响的情况下,行动主体所具有的一种想要改变自己原本的利己性选择,以使自己的选择更符合自己所觉察到的他者的愿望或需求的意向;这种改变是由行动主体对他者的愿望或需求的觉察所引起的,它并不涉及对预期的未来利益的盘算,而这种未来利益是对常态行为倾向的补偿。

为了帮助理解,让我们来举个例子。设想 A 偶然发现了一份食物,而且想要将它全部吞食——在 B 不在场的情况下,A 会将食物全部吃掉。然而,如果 B 在场的话,那么,A 就可能会选择与 B 分享这份食物(改变了 B 不在场的情况下将会起作用的愿望)。A 之所以会这样做,是因为 A 意识到 B 想要一些食物(或 B 可能需要一些食物),而 A 这样做并不是出于对与 B 分享食物将会在以后给自己带来的好处的盘算(例如,B 可能会在未来的某些场合对 A 给予回报)。在这种情况下,A 与他者分享东西的愿望对 B 来说是利他的。

我们可以认为同样的结构也适用于情感或意图的改变,即由对他者的愿望或需求的觉察而非由对未来利益的盘算所引起的现有情感或意图状态的改变。但即使我们将注意力限定在利他性愿望的情况上,显然多种心理上的利他意向仍然是存在的。正如我的选择性表述——“愿望或需求”所暗示的那样,一个利他者既可能对自己所觉察到的受益者的愿望作出回应,也可能对受益者的需求作出回应。这些愿望或需求通常很可能是协调一致的,但当它们彼此背离的时候,利他者就不得不作取舍选择了。独断式的利他者对需求而非愿望作出回应,非独断式的利他者则恰好相反。

除了独断式与非独断式利他行为的差别外,我们也有必要搞清楚利他行为的四个维度:迎合强度、环境范围、对象面域与评估能力。迎合强度是以利他行为者对所觉察到的受益者的欲望(或需求)的迁就程度来衡量的;在食物分享这一例子中,我们很容易具体表明这一点,因为其中的利他行为者愿意将一部分食物分给受益者。* 利他的环境范围是以行为者所处的环境是否能够使其作出利他回应的环境的涵盖面来衡量的,举一个德瓦尔所说的例子:两只成年雄黑猩猩可能在许多情况下都愿意分享东西,但如果在某种情况下,某种行为能带来的好处特别大的话(比如,在有可能独占繁殖机会的情况下),那么,一个昔日的朋友就可能会作出完全不顾另一个个体的愿望或需求的举动。** 利他的对象面域是以利他行为者拟对之作出利他回应的个体集合的覆盖面来衡量的。最后,利他行为者的评估能力是以其在多种情境中识别并判断拟使之受益者的真实愿望(或独断式利他行为中的真实需求)的能力的大小来衡量的。

即使我们无视拟订一种研究情感与意图的相似的方法的复杂性,也不管独断式与非独断式利他行为的差别,但显而易见的是,心理上的利他行为者是有多种类型的。如果我们能够想象出一个四维空间,那么,我们就能绘出一幅标示出了迎合强度及**评估**能力的"利他行为剖面图",在其中,不同的个体是带着不同的评估能力与迎合强度对一定环境条件下的潜在受益者作出回应的。某些可能的剖面图显示了行为者对多种情境中的许多他者的低迎合强度的回应;另一些可能的剖面图显示了在几乎所有的情境中对某些精选出来的个体的高迎合强度的回应;还有一些则显示了行为者对任何给定情境中最需要帮助的个体的迎合强度与需求强度相称的回应。如果真的有这种剖面图的话,那么,其中哪些剖面图可以在人类与非人动物中发现呢?哪些可以在作为道德典范的个体身上发现呢?是否存在一种我们想要让每一个体都与之相符合的唯一理想类型呢?或者,道德理想世界是否就是其中存在着多样性的世界中呢?

---

* 见《人类利他行为的演化》(*The Evolution of Human Altruism*)。如书中所述,这个回应可在完全的自我牺牲(提供所有的一切)到"符合黄金法则的利他行为"(均分)再到完全的利己(一毛不拔)的范围内变动。

** 见德瓦尔的著作《黑猩猩的政治》(巴尔的摩:约翰·霍普金斯大学出版社,1982年)。

我提出这些问题,并不是要准备回答它们,而是想将其当做一种暴露问题的方式,以之来展现心理上的利他概念有多么复杂,以及下面的观点又是多么不可靠,这一观点是:一旦我们知道非人动物也有产生心理上的利他意向所需的能力,我们就可以推断它们也有道德的"构件"。按德瓦尔的理解,饰面理论的消亡告诉我们:我们的曾有过共同演化史的近亲物种也应在远离完全自私冷漠状态的利他主义空间中占一席之地。在我们对黑猩猩(和其他非人灵长目动物)所表现出来的心理上的利他的特定类型有着较为清晰的看法,并知道其中哪些类型与道德有关之前,说人类的道德是人类与这些动物所共有的倾向的"直接产物"还为时过早。

德瓦尔已为之提供了有力的理由和例证:在非人动物中,**某些**类型的心理上的利他是存在的。依我看,他所提供的最好的例子是他在《性本善》一书中讲过并在泰纳讲座中复述过的例子,即杰基和克娆姆与那些轮胎的故事。他的描述令人信服地展现了:少年黑猩猩杰基是如何为了回应并满足他所觉察到的克娆姆的愿望而改变他自己的愿望和意图的;尽管心理层面的利己主义的坚定拥护者可能会坚持说:这一改变是由某种马基雅弗利式的狡诈的盘算所引起的,它很难成为一种让人信服的合理假说,因为克娆姆是一个智力有点迟钝的"低级"成年雌黑猩猩,她不大可能对杰基有所帮助;而群体中的其他成员当时并不在场,这一事实足以驳倒那种认为这种事可提升杰基在旁观者眼中的声誉的观点。* 这表明:在没什么其他事情发生的情况下,杰基有能力以最多中等的迎合强度(中断自己的活动去帮助克娆姆,几乎无须付出什么代价),对一个与他有着稳定关系的个体作出心理上的利他回应。

---

* 对我来说,这似乎也避免了索伯和威尔逊在他们关于利他行为的卓越之作《推己及人》(*Onto Others*,马萨诸塞州,剑桥:哈佛大学出版社,1998 年)的最后一章中反复提到的那种忧虑。很难设想:杰基是被某种与舆论褒贬有关的欲望所驱使的,即被受赞誉而自喜或避免受指责及其痛苦的欲望所驱使的。这种心理假设的确招致了对没有根据的拟人论的指责。

其他例子的说服力就要差得多了。想一下那个僧帽猴与黄瓜和葡萄的例子。当德瓦尔的实验报告发表时,一些热心者是准备将它们当做证明非人动物也有公平意识的成功实验来称颂的。* 按我的理解,公平意识与心理上的利他意向有关,因为它取决于对某个个体会觉得满意的某种情况的不满,而这种不满的原因在于此个体意识到其他个体的需要还没有得到满足。实际上,德瓦尔的实验研究并没有揭示出任何一种心理上的利他意向,它只不过揭示了一个动物对得到它**当时**没得到却想得到的奖赏的可能性的认识,以及由想要获得那种奖赏的自私愿望所引发的抗议。

在我看来,关于心理上的利他最有说服力的例子有以下两种类型:一种是杰基与克娆姆类型,在这类例子中,一个动物会调节自己的行为使之适应其所觉察到的经常与之互动的另一个动物的愿望或需求;另一种是年长的动物尽力去满足自己所觉察到的年幼者的需求。这些事例已足以说明非人动物并不总是心理上的利己主义者,而且,也的确足以让我们设想人与非人动物很可能共有同样的能力与状况。但这些类型的心理上的利他意向与人类的道德实践有多少相关性呢?

看来,某些调整自己的欲望和意图以使之适应自己所觉察到的他者的愿望或需求的能力是道德行为的一个必要条件。** 但正如我关于心理上的利他的多样性的观点所表明的那样,这种能力还不是道德行为的充分条件。休谟和亚当·斯密都认为:心理上的利他、仁爱(休谟)与同情(亚当·斯密)能力都是相当有限的。在《道德情感论》(*Theory of Moral Sentiments*)一书的开头部分,亚当·斯密讨论了我们对他者的情感的回应方式,其中提到:我们对他者

---

* 在伦敦经济学院召开的一次会议上,德瓦尔也用类似的措辞来介绍这些实验。在泰纳讲座中,他则正确地避开了那种解释。因为:正如在上述会议上许多人所指出的,受委屈一方所作的抗议对证明公平意识并无多大用处。当然,要是那只幸运的僧帽猴在其同伴得到同样的奖赏前把葡萄扔掉,那倒会是**非常**有趣的。

** 在我看来,无论遵循休谟—亚当·斯密传统的人,还是最严格意义上的康德主义者,都能接受这一观点。一个极端的康德主义者可能会认为心理上的利他回应是经由理性思维而作出的,即经由"冷静的认知"而非休谟或亚当·斯密式的同情而开始的。

的情感回应都是一些苍白的复制品。他们俩可能都会将德瓦尔的全部研究——从《黑猩猩的政治》到《灵长目动物如何谋求和平》(*Peacemaking among Primates*)再到《性本善》,等等,看作对他们的核心观点的论证,并得出这样的结论(用我的术语来说):心理上的利他现象是存在着的,但它在**迎合**强度、环境范围、对象面域与评估能力上都是有限的。

更重要的是,休谟与亚当·斯密都会将这种初级的心理上的利他现象与对真正的道德情感的回应区别开来。休谟的《道德原理研究》(*Enquiry Concerning the Principles of Morals*)一书是以将道德情感认同为"仁慈的聚会"而结束的。按我的理解,他是在设想:我们人有将对我们的朋友与孩子的愿望和需求作出回应的原初而有限的倾向精致化的能力。通过将自己适当地"浸泡"于社会中,我们的同情心起作用的范围就会不断得到扩展,结果我们最终会被那些对人们"有用而合意的"东西所驱动,无论在这些东西与我们的自私欲望发生冲突的时候,还是在它们与我们更加原始的偏袒近亲的利他回应不相一致的时候。

关于同情起作用的范围是如何扩大的,亚当·斯密要比休谟说得清楚得多。他认为:在我们能够将各自带有特定偏见的每一种观点综合成一种表达真正的道德情感的评价之前,同情起作用的范围的扩大涉及一种判断的反思,这种判断即对在我们周围的那些有着不同视角的东西的判断。* 如果没有公正的旁观者,即亚当·斯密所说的"心窝里的人",那么,我们就只会有有限且特定的同情,即各种心理上的利他现象;这种心理上的利他能力或许是道德回应在我们之中得到发展所不可缺少的,但它们本身则离道德还相距甚远。

---

* 在《镜廊》[The Hall of Mirrors,刊载于《美国哲学协会纪要与演说》(*Proceedings and Addresses of the American philosophical Association*),1985 年 11 月,第 67—84 页]一文中,我更详尽地描述了这一精致化过程应该是如何发生的。在那篇论文里,我也认为:亚当·斯密所说的过程(就像休谟的更不成熟的相应说法一样)不可能根除广泛共有的偏向。对这一点的认识使我沿着杜威所建议的路线对这一道德研究项目作了一个改变:我们应该将同情起作用的范围的扩大看作我们从原地出发不断前进的一种装备,而不是将它看作已提供了一个完备的道德体系。

因此,我认为:休谟—亚当·斯密之魅不过如此。它是诱使动物行为学学者基于任何一种都行的假设在他们的学科中证明心理上的利他现象的一种诱饵,因为"休谟与亚当·斯密已表明:利他就是道德所关涉的全部内容"。而我则认为有更多工作要做。幸运的是,在向我们展示同情起作用的范围是如何扩大时,德瓦尔的研究是很有价值的。

在出现冲突的情况下,亚当·斯密所说的"公正的旁观者"(或康德所说的内在的理性者,或许多其他用来指导道德行为的哲学假设)所起的作用就会尤其明显。最明显的冲突是那些使自私冲动与利他冲动相矛盾的冲突。在这种情况下,你可能会认为:道德的裁决是利他冲动应该获胜,因此,道德演化中的关键一步是某种心理上的利他能力的获得。但那太过于急于求成了。我们需要公正的旁观者(或某些等效的东西),因为我们的利他倾向过于微弱且常常是错误的类型,而彼此冲突的利他冲动也需要裁决。* 如果我们按德瓦尔后来为心理上的利他所作的辩护来考虑他早先的研究,那么,在没有可见的内部裁决者的情况下,会发生什么呢?

《黑猩猩的政治》与《灵长目动物如何谋求和平》两书向人们披露了社会动物世界中存在的有限形式的利他现象。这些社会被分成了一个个联盟与同盟,在其中,动物有时会合作。动物的有些合作可能是基于对未来利益的认识;但也存在着这样的情况,在其中,一个动物会在不考虑未来利益的情况下对另一个动物的需求作出回应——这种假说看起来是相当合理的。如果你努力按我前面所说的四个维度,将心理上的利他用图表描述出来,那么,你将会发现:德瓦尔所论及的黑猩猩(关于这种动物的资料最多)在利他倾向的迎合强度、环境范围与对象面域上,都是相当有限的。

环境上的限制特别重要,因为:正如《灵长目动物如何谋求和平》中所特别生动地描述的那样,这些动物之间的合作以及常常基于这种合作的基础的

---

* 道德冲突常常不是战胜自私的问题,而是决定在两个互相冲突的目标中哪一个目标具有优先权的问题;对此,杜威特别清楚。

心理上的利他总是会出问题。如果一个盟友没有做好其分内的事，那么，社会关系就会被损坏并需要得到修复。德瓦尔记录并见证了灵长目动物为了使彼此安心而采取的多种很耗时间的方法，例如，联盟内的友好关系破裂之后就会出现长时间的毛皮护理行为。

如果你用亚当·斯密这位道德哲学家兼社会理论家的眼光来看待这些行为，那么，你就会有一种显而易见的想法。如果这些动物拥有某种装备，从而能凭之使自己的社会倾向扩大并强化为心理上的利他现象的话，那么，这些动物就能更高效、更有利地使用他们的时间和能量。一个[作为公正的旁观者的]"心窝里的小黑猩猩"，将会给他们提供一个有着更多的合作机会、具备更多功能的更平稳的社会；或许，他们甚至能与他们不能天天直接见到的动物互动，而且，他们的群体规模会不断扩大。由于具有某些形式的心理上的利他能力，他们就能够拥有比大多数其他灵长目动物所拥有的更为丰富的社会组织。但由于这些形式的心理上的利他能力是如此有限，因而，在社会组织上他们只能停滞不前，而无法建立更大的社会或达到更广泛的合作。

黑猩猩群体之间会出现公开冲突，这些冲突又会被精心安排的谋求和平的努力所解决。在一个群体内部，黑猩猩个体之间也会有冲突。有时，黑猩猩会有分享倾向，这种倾向会在一定程度上抵消独享食物的倾向，例如：一个黑猩猩把一根多叶的树枝直直地伸向一个乞讨者，并且，在此过程中，他把脸转了过去，半回避着那个乞讨者；* 那种僵硬的姿势、转了向的目光及不满的表情，使那个黑猩猩内心的冲突与某人下定决心要节食但从诱人的食物盘旁决然走过时仍会流口水的那种内心冲突一样清晰。如果他们有某种可用来正确地解决这种内在冲突的措施的话，那么，发生公开冲突的频率便可减少。然而，就目前的情况来看，用法兰克福(Frankfurt)的一个有用的术语来说，黑猩猩都是"任性而为者"，他们是很容易受任何一种在某一特定时刻碰巧居于支

---

* 我在此的描述基于我在圣地亚哥野生动物园极为有限的个人观察；我所观察的是那里著名的波诺波群落中的成员；我认为：我的观察对象是波诺波而不是普通黑猩猩，这一点对观察结果不会有什么影响。

配地位的冲动的影响的。

在人类演化的历程中,有一个阶段为我们提供了一种可用来克服任性妄为的心理策略。我倾向于将它视为使我们成为充分意义上的人的因素的一个组成部分。它或许开始于某些预定行为可能会惹麻烦的结果意识以及随之而来的一种抑制欲望的能力(否则,这些欲望就会占据支配地位)。我觉得它与我们的语言能力的演化有关联,甚至语言能力的选择优势之一,就在于有助于我们知道什么时候该抑制我们的冲动。按我的设想,到了某个时候,我们的祖先已变得能构想出各种行为模式,互相讨论这些模式,并获得控制群体成员的行为的方法了。*

我猜想:在这一阶段,文化演化过程开始了。不同小型帮队(或游群)中的人们纷纷尝试着用各种各样的应然性文化产品——规则、故事、神话、形象性作品等,来规定"我们"的生活方式。在这些规则中,某些规则受到了邻人与后代群体的欢迎,这可能是因为它们带来了更大的繁殖成效,更可能是因为它们有助于增强社会的平稳、和谐与合作。那些最成功的规则被代代相传,并以不完整的方式出现在我们迄今所拥有的最早文献中——美索不达米亚地区各社会法典的附录。

这一过程大部分是不可见的,因为在语言能力的完全获得(最晚5万年前)和文字的发明(5000年前)之间隔着一段很长的时间。从考古结果来看,有一些关于重要发展的令人着迷的迹象,如洞穴艺术和小雕像。其中,最有意义的是比此前大得多的与不属于当地群体的人们合作的能力的迹象。一些遗迹显示,大约自两万年前起,在某个特定时段生活在那里的个体数量在增加,看起来就像若干个较小的群体曾经汇集在那里。更引人入胜的是由特定材料

---

* 在此,我很感激吉伯德(Allan Gibbard)的《明智的选择与灵敏的感受》(*Wise Choices, Apt Feelings*,马萨诸塞州,剑桥:哈佛大学出版社,1990年)对我的启发,这是将我们的道德行为置于人类演化这一背景中来讨论的哲学上最精妙的尝试之一。我认为:在人类从小型群体到现代社会的演化过程中,吉伯德强调关于该做什么的对话在道德思维中的作用是正确的。

制作的工具的发现,这些工具的发现地与其材料最近的原产地相距甚远;正如一些考古学家所提出的:这应该从"贸易网络"发展的角度来理解;或者,应该将这些现象看作外地人穿梭于许多不同群体所控制的地域的交通能力的象征。无论选择哪种解释,这些现象都揭示了一种不断增长着的合作与社会互动能力;在杰里科和恰塔尔休干的新石器时代的大型居住点中,这种能力得到了充分的展现。

无论我们是否能做点比猜测事实真相更多的事情,我都认为:关于我们的道德是如何从那里到达这里的一种可能的演化论解释是存在的,这种解释将应然性指导能力的发展看作关键的一步;而应然性指导能力的发展或许可以从同情的扩大化与精致化角度得到理解,正是同情的扩大化与精致化导致亚当·斯密的"公正的旁观者"的产生。一旦人类具备了应然性指导能力,并拥有了可用来互相讨论的语言,那么,明确的道德实践、规则汇编、寓言和故事等就都可以在文化谱系中得到发展;事实上,其中的某些部分一直沿用至今。现在,让我们回到赫胥黎的著名比喻中去,我们变成园丁;作为园丁本性的一个组成部分,我们有着去除我们心田中的杂草并在这里打个桩、在那里搭个架的冲动。而且,就像在任何一个花园里一样,随着新情况和新品种的出现,在我们心田里,这项"除草栽花育果"的事业是绝不会完工的,它只会无限期地继续下去。*

在回到赫胥黎那里去的过程中,我已经以饰面理论收场了吗?当然不是,如果这里所说的饰面理论是德瓦尔所想要驳倒的那种简单版本的饰面理论的话。德瓦尔认为:与我们有着共同演化史的近亲物种也有着道德"构件",我们的道德实践与倾向是某些我们与它们所共有的能力的"直接产物",那么饰面理论该如何与德瓦尔的上述观点相处呢?正如我先前所抱怨的,"构件"与"直接产物"之类的说法过于含糊,以至于没有什么用处。在(身为)人类的道德行动者与黑猩猩之间存在着重要的连续性——我们有着共同的心理上的利

---

* 这是关于道德事业的杜威式观点,我在《镜廊》中作了更详尽的概述。

他倾向,若无这种倾向,那就不可能有任何真正的道德行为。但我猜想,在我们人及人与黑猩猩的最晚近的共同祖先之间应该存在着一些非常重要的演化步骤,即应然性指导能力和自我控制能力的出现,语言能力和互相讨论潜在道德资源的能力的出现,以及(至少)大约5万年的重要的文化演化的出现。正如古尔德如此清楚地看到的那样,在任何一种关于人类演化史的评价中,你都既可以强调连续性,也可以强调非连续性。我认为,不管强调哪一个,我们所获得的都非常少。但只要弄清楚什么东西延续下来了、什么东西已经改变了,你就会做得更好。

当然,德瓦尔可能会否定我对人类的道德是如何从那里到达这里的推断。尽管我认为我的描述已综合了他在其职业生涯的不同阶段所提出来的洞见,但他可能更喜欢其他说法。重要的是,这种类型的**某些**解释是必要的。我的核心观点是:仅仅证明黑猩猩(或其他的高等灵长目动物)具有某种类型的心理上的利他倾向或能力,对于揭示道德的起源或演化过程几乎没有什么用处。我很乐意将饰面理论(尽管不是赫胥黎的见解!)付之一炬,但那只是使德瓦尔关于灵长目动物的许多洞见对我们理解人类的道德有用的开端。

道德、理性与动物的权利

彼得·辛格

社会契约论/“轨道车”问题/一视同仁/猿的“特殊地位”

德瓦尔的泰纳讲座内容丰富而富于刺激性,我对它的回应分为两个部分。第一个较长的部分将提出一些关于道德的性质的问题,尤其是德瓦尔对他称为“作为装饰面板的道德观”的批判。第二部分是对德瓦尔在其附录中所说的关于动物的道德状态的言论的质疑。在这两个话题上,我都将强调我不赞同德瓦尔观点的地方,因此,在此有必要说明一下:我们所共有的观点要比我们之间的分歧更重要。我希望在下文中这一点会变得显而易见。

德瓦尔对作为装饰面板的道德观的批判

在1981年出版的《膨胀的圈子》(*The Expanding Circle*)一书中,我认为:道德的起源将会在我们从之演化而来的非人社会性哺乳动物中被发现。我拒绝这些观点:道德是一种文化现象而非生物现象,道德是人类所独有的,道德在我们的演化史上完全没有根基。我认为:亲属之间的利他行为和交互式利他行为的发展对我们人类的道德的重要性远比我们所认可的要大。* 德瓦尔与我共同持有这些观点,并为之添加了比我所能掌握的要丰富得多的灵长目动物行为知识。能得到一个对我们的灵长目近亲如此熟悉的人的支持,是一件令人欢欣鼓舞的事。基于那些知识,德瓦尔确认:在非人动物的社会行为与人类的道德标准之间存在着很大的连续性。

德瓦尔批判了社会契约论中的这一假设:曾有一段时间,人类并不是社会动物。当然,在提出社会契约论的主要理论家中,是否真有人认为他们对道德

---

* 辛格,《膨胀的圈子》,牛津:克拉伦登出版社,1981年。

起源的解释是有史实依据的,这是可质疑的;但许多读者在读完他们的书后,肯定会有他们这样做了的印象。我们也可能会问:一个人能从一种以错误的历史假设为出发点的理论中学到什么吗?社会契约论者们的假设是:如果不是因为彼此订立契约,那么,我们人类就会是各自孤立的自我主义者。尽管他们自己并不认为实际上真有那么回事。德瓦尔指出:西方文明充斥着"人类是反社会的甚至是肮脏的动物的假设"。也许,从那一点出发有助于强化这一假设。

德瓦尔正确地拒绝了这样的观点:我们人类的道德只是一种"文化覆盖物,一层掩盖着自私和野蛮的本性的薄薄的装饰面板"。但由于他没能给灵长目动物的社会行为与人类的道德之间的差异(这种差异是他自己也承认的)以足够的重视,因而,他对饰面理论的拒斥就显得过于仓促了点,而且,他对饰面理论的某些倡导者也太刻薄了点。

为了真正弄清楚德瓦尔所搞对与搞错的东西,我们需要区分两种不同的主张:

(1) 人类天性就具有社会本性,人类的道德规范根源于演化而来的我们与其他社会性哺乳动物(尤其是灵长目动物)所共有的心理特征与行为模式。

(2) 人类所有的道德规范都来自于我们作为社会性哺乳动物而演化出来的本性。

我们应该接受第一种主张而拒绝第二种。但有时德瓦尔似乎同时接受这两种主张。

让我们来看看德瓦尔对赫胥黎的批评(德瓦尔将赫胥黎视为现代饰面理论的鼻祖)。德瓦尔写道:"赫胥黎的奇怪的二元论,将道德与自然本性、人类与所有其他动物相对立。"作为一种初步的评论,我们可能会注意到:二元论其实并不存在真正"奇怪"的东西。柏拉图将灵魂区分为不同的部分,并将人类的本性比作一辆由两匹马拉的且须由车夫来驾驭才能使那两匹马一起工作的战车。自那时以来,在西方伦理学思想史上,二元论一直是一种反复出现的标准式论调,并可以说,是一种居支配地位的论调。* 康德也将二元论砌进了

---

* 柏拉图,《理想国》(*The Republic*)(尤其是第4卷、第8卷和第9卷),斐德罗篇,246b。

他的形而上学中,他主张:虽然我们的欲望,包括我们对他人的福祉的同情性关怀,来自我们的生理属性,但我们关于道德普遍法则的知识则来自我们作为理性存在物的本性。* 这种区分显然是有问题的,但正如我们将看到的:过于轻率地拒斥它也是错误的。

也许,德瓦尔之所以会认为赫胥黎的观点是奇怪的,是因为赫胥黎是达尔文的捍卫者,但在这里,他看来背离了用演化论方法对伦理学进行研究的正途。但在《人类的由来》一书中,达尔文自己却写道:"道德意识或许可以作为人类与低等动物之间的最大和最高的区别。"在这个问题上,赫胥黎与达尔文之间的差异并不像德瓦尔所认为的那么鲜明。

对于"饰面理论"想要解决的问题,我们不应该轻率地加以拒斥;这一点在德瓦尔自己对韦斯特马克的评论中或许也得到了很好的反映。在当今,韦斯特马克的工作并未受到足够的重视,德瓦尔对他的称赞是对的。德瓦尔称赞他是"第一位既从人类与动物上,又从文化与演化上思考这一问题并提出相应综合性观点的学者"。按照德瓦尔的看法,或许"韦斯特马克的著作中最有见地的一部分"是他试图将特定的道德情感与其他情感区分开来。德瓦尔告诉我们:韦斯特马克"表明这些情感要远多于原生的直觉性感受",并解释说:道德情感与"同源的非道德情感"之间的差异可以在前者所表现出来的"无私的、明显的公正性和普遍性色彩"中找到。在下面这段话中,德瓦尔亲自阐述了这一思想:

> 道德情感应该与一个人的当下处境分离开来:它们是在一个更抽象、更无私的层面上看待好与坏的。只有在我们就一个人应当被如何对待作普遍性判断时,我们才可以开始说道德上的支持与反对。正是在亚当·斯密(1937[1759])称之为"公正的旁观者"的这一特定领域中,人类看来比其他灵长目动物都要走得远得多。

---

* 康德,《道德的形而上学原理》,格雷戈尔译,剑桥:剑桥大学出版社,1997 年。

然而,这种对能否从公正的旁观者角度来进行道德判断的担心是从哪里来的呢? 它似乎并不来自于我们演化出来的本性。德瓦尔告诉我们,“作为一种与其他典型的关涉群体内事务的能力(如冲突的解决、合作、共享等)相共存的群体内的现象,道德很可能是演化出来的”。与这一观点相一致的是,德瓦尔指出:在实践中,我们常常未能采取公正的立场:

> 通常,人们对待外人要比对待自己所属的社群中的成员差得多:事实上,道德规则看来很难适用于圈外。诚然,在现代出现了一种扩大道德适用圈的运动,有时,这一适用圈甚至包括敌方战斗人员(如1949年开始实施的《日内瓦公约》),但我们都知道:这种努力是多么地脆弱。

看看在这些段落中德瓦尔在说些什么。一方面,我们有一种演化出来的与其他灵长目动物共有的本性,这种本性导致了基于亲属关系、交互式利他及对同一群体内其他成员的拟他性同心的道德的产生。另一方面,抓住道德情感的独特之处的最好办法是注意它们所采取的公正立场,这种公正立场会使我们去考虑那些在我们自己所属的群体之外的人的利益。这对我们现在的道德观念是如此地重要,以至于(正如我们刚才看到的)德瓦尔自己也说:**只有**在作普遍的、公正的判断时,我们才可以开始说**道德上**的支持与反对。

这种普遍公正的道德观念并不是新的。德瓦尔引用的是亚当·斯密的观点,但普遍的道德观念可以追溯到公元前5世纪,那时的中国哲学家墨子对由战争所造成的破坏深感震惊,他问道:“什么是普遍的爱和互利呢?”而后又自己作了回答:“那就是把他人的国当做自己的国来看待。”* 然而,正如德瓦尔所指出的:这种更公正的道德在实践中是“脆弱的”。这种观点与这样的说法——道德中的公正因素是覆盖在我们的演化而来的本性之上的一层薄薄的装饰面板,岂不是很接近?

---

* 引自陈荣捷的《中国哲学原始资料选》(*A Source Book in Chinese Philosophy*),普林斯顿,新泽西州:普林斯顿大学出版社,1963年,第213页。

在《膨胀的圈子》一书中,我认为是我们的发达的理性能力给予了我们采取公正的立场的能力。作为有理性能力的动物,我们能够从自身的事例中抽象出一般性的东西,并理解我们自己所属群体之外的他者也有着与我们自己相同的利益。我们还能懂得并不存在他们的利益不应该与我们自己群体中的成员的利益等同看待的公正的理由,或者,他们的利益实际上是与我们自己的利益同样重要的。

这是否意味着公正的道德观念与我们演化出来的本性是相反的呢?如果"我们的演化出来的本性"是指我们与我们从之演化而来的其他社会性哺乳动物所共有的本性的话,那么,答案是肯定的。没有哪种非人动物(甚至是类人猿)拥有与我们人类近乎同等的理性能力。因此,如果这种理性能力真是我们人类的道德中的公正因素之所以会出现并存在的原因的话,那么,它就是演化史上的某种新的东西。另一方面,我们人类的理性能力也是我们的本性的一个组成部分;与其他方面的本性一样,我们的理性能力也是演化的产物。使它不同于我们的道德本性的其他因素的原因在于:理性所带来的演化上的优势并不局限于特定的社会性。理性能力所带来非常多的优势是很宽泛的。它的确有着重要的社会性方面——可帮助我们更好地与他人沟通,并因此能在制定更详细的计划中互相合作。但理性还可以帮助作为一个个个体的我们寻找食物和水,懂得并避免来自食肉动物或自然事件的威胁。它还使我们能够控制火。

尽管理性能力有助于我们生存与繁衍,但一旦我们演化出来了这种能力,我们就可能会被它带到从演化角度讲对我们没有什么直接好处的地方。理性就像一架自动扶梯——一旦我们踩上了它,那么,在到达它载我们去的地方之前,我们就下不去了。计算能力可以是有实用价值的,但它也会通过一种合乎逻辑的过程产生从演化角度上讲没有任何直接回报的高等数学中的抽象概念。也许,这同样适用于采取亚当·斯密所说的公正的旁观者立场的能力?*

---

* 这段内容参考了辛格的《膨胀的圈子》,另见麦金(Colin McGinn)的《演化、动物和道德的基础》(Evolution, Animals, and the Basis of Morality)一文,《探究》(*Inquiry*),22(1979):91。

与看待理性在道德中的作用的这种方式相一致,在格林(J. D. Greene)的工作中我们应该借鉴些什么这一问题上,我的观点也与德瓦尔的不同。(格林富于创新性的工作是指:用神经影像技术来帮助我们了解在作道德判断时我们的神经系统中发生了什么。)德瓦尔写道:

> 强调人类独特性的饰面理论预测:道德问题是由在演化史上新近出现在我们脑中的组织(如前额叶皮层)来解决的;但神经显像结果表明:道德判断实际上涉及很大范围的脑区,其中的某些脑区是非常古老的(Greene and Haidt 2002)。总之,神经科学看来是支持这一观点的,即人类的道德是在哺乳动物的社会性的基础上演化出来的。

要理解为什么我们不应该得出这样的结论,我们还需要知道格林及其同事们所做之事的更多背景。他们用神经影像技术来考察人们对哲学文献中所谓的"轨道车问题"的情境作回应时的大脑活动。* 在标准的轨道车问题中,你站在一条铁轨旁,这时,你注意到一辆空无一人的轨道车正沿着轨道下行,而前方有 5 个人。如果那辆轨道车继续沿着当前的轨道前进的话,那么这 5 个人都将被撞死。为了阻止这样的惨剧发生,你所能做的唯一的事是扳动一个开关,以使轨道车转入旁边的一条轨道;轨道车进入那条轨道后也会撞死人,但只是 1 个人。当被问及在这种情况下你该怎么做时,多数人都会说应该让轨道车进入旁边的轨道,从而,从总的效果上讲,可以救下 4 条命。

在这一问题的另一个版本中,跟前一版本一样,轨道车将要撞死 5 个人。

---

* 富特(Phillipa Foot)可能是最早讨论这种问题的哲学家,参见她的论文——《堕胎问题与双重效应法则》(The Problem of Abortion and the Doctrine of the Double Effect),《牛津评论》(*Oxford Review*)1967 年第 5 期,第 5—15 页;重印于雷切尔(James Rachels)编的《道德问题:哲学论文集》(*Moral Problems: A Collection of Philosophical Essays*),纽约:哈珀与罗出版社,1971 年,第 28—41 页。不过,关于这一主题的经典文章是汤姆森(Judith Jarvis Thomson)的《杀人、见死不救与轨道车问题》(Killing, Letting Die, and the Trolley Problem),刊载于《一元论者》(*The Monist*)1976 年第 59 期,第 204—217 页。

但这一次,你不是站在轨道旁而是站在轨道上方的天桥上。你没法使轨道车换道而行。你考虑从天桥上跳下去,跳到轨道车前面,以牺牲自己来拯救那群陷入死亡威胁的人,但你意识到你的体重远不足以使轨道车停下来。不过,你旁边站着一个大块头的陌生人。你能使轨道车停下以免撞死5个人的唯一办法就是把这个大块头陌生人推下天桥,让他掉到轨道车前面。如果你把陌生人推下去,他会被撞死,而你就会救下另外5个人。当被问及在这种情况下你该怎么做时,大多数人都会说不应该把陌生人推下天桥。

轨道车问题所涉及的情境有两种,即"与个人无关的"情境(如扳动开关)或"与个人有关的"侵犯(如将陌生人推下天桥)。格林及其同事们将这些情境看成是有差异的,即它们在涉及个人(及其利益)的程度上是不同的。他们发现,与被要求在"与个人无关的"情境中作判断时的情况相比,受试者在就"与个人有关的"的事务作决定时,他们的与情感有关的脑区会更加活跃。更重要的是,在受试者中,那些得出"以涉及个人侵犯,但在总体上将伤害降低到最小程度的方式行动是正确的"这样结论的少数人,即那些认同将一个陌生人推下天桥的人,其与认知有关的脑区表现出了更多活动,并且,他们作出这个决定所花的时间要比那些对这种举动说"不"的人花上更长的时间才能作出这个决定。* 换句话说,在有必要用暴力侵袭另一个人时,我们的情感就会被强烈地调动起来。对某些人来说,这是能救几条命的唯一方式,但这一事实并不足以克服这种情感。而那些准备尽可能多救几条命(尽管这涉及要将另一人推下去致死)的人,看来是在用他们的理性来抑制情感的阻力,即他们的情感对推人致死行为所涉及的个人侵犯的阻力。

这是对"人类的道德是在哺乳动物的社会性的基础上演化出来"这一观

---

* 见格林与海特的《道德判断是如何并在何处进行的?》(How and Where Does Moral Judgment Work?)一文,《认知科学动态》(*Trends in Cognitive Sciences*),2002年第6期,第517—523页。此外,还有些资料引自相关的个人通信。更具体一点说,那些接受个人侵犯的人表现出了更多的前额叶背外侧的活动,而那些拒绝个人侵犯的人则在楔前叶区有更多的活动。

点的支持吗？是的，在一定程度上是。使得大多数人认为将一个陌生人推下天桥是错误的情感反应，可从德瓦尔在演讲中提出来的那种演化论视角来解释，并可用来自他的灵长目动物行为观察的证据来加以支持。同样，我们也容易弄明白：为什么对某种也可能造成伤亡但却发生在一定距离之外的事情，如扳动开关，我们没有演化出类似的反应。就我们整个的演化史来说，我们一直能够通过粗暴地推拉他人来伤人，但我们能通过像扳动开关这样的举动来伤人则只是近几个世纪的事情；而对于改变我们的演化出来的本性来说，这点时间实在是过于短暂了。

不过，在将上述情况视为对德瓦尔的观点确认之前，我们需要再考虑一下格林的研究中的受试者所可能发生的其他情况。经过思考后，受试者会得出结论：若扳动开关使轨道车转入另一轨道，以撞死 1 个人为代价而救了 5 个人的做法是正确的，那么，将 1 个人推下天桥，以杀死 1 个人来挽救 5 个人的做法也是对的。这是其他社会性哺乳动物似乎不可能完成的判断。但它也是一种道德判断。看来，纯粹理性的道德判断不是由我们与其他社会性哺乳动物所共有的演化遗产所造成的，而是由我们的理性所造成的。与其他社会性哺乳动物一样，我们对某些类型的行为有着自动的情感反应，这些反应构成了我们的道德中的大部分。与其他社会性哺乳动物不同的是，我们能反思我们的情感反应并选择拒绝它。让我们来回想一下博加特（Humphrey Bogart）主演的《卡萨布兰卡》（*Casablanca*）一片片尾的台词，当他所饰演的布莱恩（Rick Blaine）叫其所爱的女人，即由伯格曼（Ingrid Bergman）饰演的隆德（Ilsa Lund）上飞机并与她的丈夫会合时，他说："我并不是个高贵的人，但要看清这一点——在这个疯狂的世界中，3 个小人物的问题是无足轻重的——并不需要费多大劲。"也许他不用费多大劲，但需要其他哺乳动物所没有的（高度的）理性能力。

尽管我与德瓦尔都很欣赏休谟，但在这一点上，我发现自己不得不对通常被看成是休谟的伟大对手的哲学家——康德，产生敬慕之情。康德认为：道德必须是基于理性而非我们的欲望或情感的。* 毫无疑问，他的道德只能建立

---

* 康德，《道德的形而上学原理》，格雷戈尔译，剑桥：剑桥大学出版社，1997 年。

在理性基础上的观点是错误的，但将道德看作只是一种未经我们的批判性理性检查的情感或本能反应的观点同样是错误的。我们不必将已被数百万年的小群体生活铭刻在我们的生物本性上的情感反应当做一种被给定的东西来接受。我们有思考的功能和作出选择的能力，我们可以拒绝那些情感反应(不按那些情感所要求的去做)。也许，我们这样做只是基于其他的情感反应，但这一过程需要理性和抽象思维，并且正如德瓦尔所承认的那样：与在没有那一思考过程的情况下，我们作为社会性哺乳动物的演化史相比，这一涉及理性的过程会将我们引向一种更公正的道德。

正如康德的观点并不像德瓦尔所认为的是明显错误的一样，道金斯所写的这句话也是有点道理的："在地球上，只有我们人类能反抗自私的复制者的暴政。" * 而德瓦尔似乎将这句话当成了饰面理论的一个可悲的例子。此外，考虑到德瓦尔至少就某些人类道德的公正方面所说的话，我们就很难理解他为什么会反对道金斯的说法。道金斯的观点与达尔文在《人类的由来》中所表达的观点的差异并不那么大。达尔文认为：社会本能"在活跃的智力与习惯的效果的帮助下自然会导致这一金科玉律的产生：'你希望别人怎样对待你，你就应该怎样对待别人'，这正是道德的基础"。

于是，在很大程度上，问题不在于我们是否接受关于道德的饰面理论，而在于道德在多大程度上是一种装饰面板，又在多大程度上是基底结构。有些人认为：道德完全是覆盖在根本上是个人主义的自私的人类本性之上的一层装饰面板，这种观点是错误的。但那种适用范围超越了我们自己所属的群体并表现出了对全人类的公正关怀的道德，则很可能被看成一种超出了我们与其他社会性哺乳动物所共有的本性的一种装饰面板。

动物的权利及对所有动物一视同仁

1993 年，我与意大利的动物保护倡导者卡瓦列里(Paola Cavalieri)共同发起了类人猿保护项目——一个为类人猿谋求权利的国际性项目。它是一种观念，也是一个组织和一本书。其中，《类人猿项目：超越人类的平等》(*The*

---

* 道金斯，《自私的基因》，牛津：牛津大学出版社，1976 年，第 215 页。

Great Ape Project: Equality beyond Humanity)一书由哲学家、科学家和类人猿行为专家的一系列文章组成,作者有古多尔、西田利贞(Toshisada Nishida)、罗杰(Roger)、福茨(Deborah Fouts)、迈尔斯(Lyn White Miles)、帕特森(Francine Patterson)、道金斯、戴蒙德(Jared Diamond)和贝科夫(Marc Bekoff)。所有作者都表示赞成该书开头的"关于类人猿的宣言"。"宣言"要求将所有类人猿纳入所谓的"平等者共同体"之中,并将这一共同体定义为"我们将某些基本的道德原则或权利当做调控相互关系的法律来强制执行的道德共同体"。它所宣称的原则或权利有:生存权、保护个体自由、禁止酷刑,等等。

自从类人猿项目启动以来,包括英国、新西兰、瑞典、奥地利在内的一些国家已禁止在医学研究中使用类人猿。在美国,尽管使用黑猩猩的研究仍在继续,但当研究对象不再被用来做实验时,杀掉类人猿的行为已经不被允许。相反,他们应该被送进保护所享受"退休"生活,尽管目前还没有足够多的保护所来接受那些被弃之不用的黑猩猩,因而某些"退休"黑猩猩继续生活在十分恶劣的条件下。

我对类人猿项目的参与,或许还有我对"动物解放"运动*的长期倡导,可能使我成了德瓦尔所批评的动物权利倡导者之一(见附录三)。但是,对澄清相关问题来说,弄清楚我与德瓦尔有着多少共同点是非常重要的。他有着关于动物们所遭受的痛苦的强烈的现实感受。有人声称:将情感、意识、理解,甚至政治、文化之类的属性归诸动物是一种"拟人化"的做法。他坚决反对这种观点。当对动物的主观体验的丰富感受与支持努力防止动物受虐待的行为相结合时(德瓦尔的情况正是如此),我们离动物权利的保护问题就很近了。一旦认识到非人动物也有复杂的情感与社会需要,我们就开始能看到其他人可能无法理解的动物受虐待的情况了,例如:在将怀孕的母猪关在集约化现代养殖场中的标准方法中,我们看到的是:光秃秃的水泥地,没有草垫,母猪被关在与外界隔离的金属笼中,无法自由活动,无法对环境做任何调整,无法与其他猪互动,也无法为了分娩而做个窝。如果每个人都能分享德瓦尔的观点,那

---

* 辛格,《动物解放》,第二版,纽约:爱科出版社,2003年(初版于1975年)。

么,动物保护运动就会很快达到其最重要的目标。

在赞同动物不应被虐待后,德瓦尔补充道:“确保动物受到公正对待的唯一办法就是给它们以权利和律师,这一观点仍然是一(过大的)跳跃。”我宁愿将是否应该给动物以权利和是否应给动物配备律师的问题分开来讨论。现代人,特别是美国人,还远远没有做好为了促进其目标的实现而上法院的准备,在这一点上,我完全赞同德瓦尔的看法。这样做只会导致时间和资源的巨大浪费,以及每一家机构都会防御性地考虑如何最好地保护自己免受起诉的倾向。但是,承认所有的动物应该有一些基本权利并不一定涉及找律师的问题。例如,我们可以制定保护动物权利的法律并严格执行这些法律。许多法律都因为设定了几乎每个人都愿意遵守的准则而行之有效,根本无须将人硬拖上法庭。例如,几年前英国禁止了前面所谈到过的在笼中关养母猪的做法。因此,数十万头母猪已过上比此前好得多的生活。不过,我至今还没听说过这样的事——在英国,给母猪配备律师,或在禁令实施后,还有农民因继续笼养母猪而被当局所起诉。

德瓦尔认为:“给动物以权利完全依赖于我们的善意。结果,动物只能拥有我们所能操控的权利。人们不会听到这样的权利,如:啮齿动物有占据我们的家的权利,八哥有劫掠樱桃树的权利,狗有决定其主人的散步路线的权利,等等。在我看来,有选择地授予的权利实际上根本就不是权利。”但是,给有严重智障的人以权利也完全依赖于我们的善意。而且,所有权利都是有选择性地授予的。婴儿没有投票权,有些人会因精神疾病或心理异常而具有暴力性的反社会行为倾向,他们也可能会因此而失去自由权利。但这并不意味着投票权或自由行事权“根本就不是权利”。

尽管如此,当德瓦尔提出我们可谈论我们对动物的责任而不是动物的权利时,我的确赞同他的看法。在政治领域,有关权利的主张构成了美妙的口号,因为它们被迅速理解成关于某个人或某个团体被拒绝了某种重要东西的声明。正是在这个意义上,我支持“关于类人猿的宣言”以及其中所声称的类人猿的权利。不过,以一个哲学家而非活动家的身份来说,我觉得各种权利主张都是有缺陷的,因而不能让人满意,无论我们所关注的对象是人还是动物。

不同的思想家列出了据说是不证自明的不同的人权列表,而赞成某一种而不是另一种列表的理由又会很快地变成某种主张与反主张。当权利之间彼此冲突(它们免不了这样)时,关于哪种权利更重要的争论通常不会有什么结果。这是因为权利并不是我们的道德责任的真正基础。基于对所有受我们行动影响的人的利益的关心,他们是他们自己而不是别人的工具——这是一个可经由采取亚当·斯密所说的"公正的旁观者"的立场而得出的基本原则。康德认为:一个人在行动时,应确保自己的行动准则可按己所愿地被当做普遍法则,甚至更古老的"金科玉律"。亚当·斯密的"公正的旁观者"概念是对他的这一思想的某种改进。

从责任而非权利的角度看问题,仍需我们表明我们会给动物的利益以多重的分量。德瓦尔写道:"我们应该用新的眼光来看待动物的精神生活,以在人类中培养起一种关爱动物的道德准则,按这种道德准则,我们人类的利益并不是唯一需要权衡或考虑的利益。"当然,我们至少应该做到这一点。但承认人类的利益"并非唯一需要权衡或考虑的利益",这种说法是模糊的。德瓦尔还写道:"我认为,我们最初的或第一位的道德责任是相对于我们自己这一物种的成员来说的。"这种说法已不太模糊,但它只是断言。德瓦尔还指出:动物权利的倡导者也接受经由动物实验而研发出来的医疗手法,但这最多是一种以偏概全的说法,是对那些道德水平未高到足以拒绝自己所需的医疗救助的人的奚落。事实上,有些动物权利的倡导者是拒绝接受经由动物实验研发出来的医疗手法的,尽管这种人的确不多。同样,有人可能会说:我们应该拒绝人类平等的理念,因为人们知道没有一个主张人类平等的人会为了支援其他国家中濒临饿死的人而把自己弄得一贫如洗。[当然,这样的人还是有几个的,克拉文斯基(Zell Kravinsky)差不多就是这样的人。*]的确,理想与被建议的行动之间的联系,在不同的情况下,其强弱程度是不同的;例如:这种联系的强度在人类平等与救济穷人之间

---

* 见帕克(Ian Parker)的《礼物》(The Gift)一文,《纽约客》周刊(*The New Yorker*),2004年8月5日,第54页。

要比在动物权利和拒绝经由动物实验研发出来的医疗手法之间强些;因为,我们给穷人的钱会实实在在地挽救一些人的生命,我们会说,那些人在生命的价值上是与我们平等的,但少数人拒绝医疗会怎样使任何现有的或未来的动物受益——这一点则是不清楚的。

非人动物不是我们这一物种的成员,而我们人会将非人动物的利益看得比我们自己这一物种的成员的同样利益要不重要一些,为什么前一事实就能证明后一做法是合理的呢?如果我们说一个生命体的有关道德的地位取决于是否有我们这一物种的成员资格,那么,我们的立场与最赤裸裸的种族主义者或某种性别至上主义者的立场又有什么区别呢?(在种族主义者或男性至上主义者看来:一个人只要是白种人或男性就当然具有较高的有关道德的地位,而无论他在其他的性质或品质上如何。)德瓦尔认为:动物权利运动将禁止虐待动物与废除奴隶制相提并论的做法实在是“令人无法容忍”的,因为与黑人或女性不同的是,非人动物永远无法成为我们人类群体中的正式成员。这种差别确实存在,但如果动物不能成为人类群体中的正式成员的话,那么,具有严重智障的人同样不能。但我们并不将这一点看作可较少去关心他们的痛苦与苦难的理由。同样,动物不能成为人类群体中的正式成员也并不妨碍我们对他们的利益予以平等考虑。如果一个动物感到疼痛,那么,这种疼痛的意义就像一个人感到疼痛时一样大——如果这种疼痛所带来的伤害一样大,持续时间一样长,且不会给人带来其不会给非人动物带来的进一步不良后果的话。因此,将对人的奴役和对动物的奴役相提并论在根本上是合理的。在这两种情况中,一个相对更强大的群体妄自赋予了自己以为了谋取私利而役使本群体以外的生物的权利,却在很大程度上忽视了那些“外人”的利益。尔后,他们就会用一种意识形态去证明这种役使的合理性;而人们炮制这种意识形态就是为了解释为什么更强大的群体的成员具有更高的存在价值及统治“外人”的权利(有时,这种权利会被说成是神授的)。

虽然只有在动物与人类有着同样的利益时,人们才会去运用平等原则,但要确定哪些利益是“同样的”,则并不那么容易,而且,不同的人的利益往往也难以比较,尤其是在跨文化的情况下。但那不是轻视有着异己文化的人之利益的理由。诚然,不同的生物的心理能力会影响其如何体验痛苦以及如何记住痛苦;无论这些生物能否预料到更进一步的痛苦,这些差异都是重要的。但我们都会赞同,一个婴儿感受到痛苦是一件坏事,即使那婴儿并不比(比如说)一只猪有更多的自我意识,其记忆力或预见力也不见得比猪更强。疼痛也可以是对危险的一种有用的警告,所以,如果全面地考虑问题的话,那么,它并不总是坏事。然而,除非存在某种补偿性的利益,否则,我们都应该将同样的痛苦体验看成是坏事,无论感到疼痛的生物是什么物种。

不过,与平等考虑(不同物种、群体、个体的)利益这一普遍原则相适应,我还是有可能同意德瓦尔的"猿类应拥有特殊地位"的说法,但这并不完全是因为猿类是与我们亲缘关系最近的物种,也不完全因为他们与我们之间的相似性会"唤起我们更多的关于伤害他们的内疚感",而更主要的是因为我们知道他们有着与我们人类相同的特性:丰富的情感和社会生活、自我意识以及对自己所处境况的理解。就像这些特性往往会使人类承受的痛苦比其他动物所承受的多得多,同样这些特性也常常会使类人猿承受的痛苦比老鼠所承受的多得多。当然,并非所有的研究都会造成痛苦;在用类人猿做的研究中,那些德瓦尔认为符合平等考虑利益这一标准的试验,即"我们不会介意在人类志愿者身上做的那种研究",应该可以放行。

不过,给类人猿以特殊地位还有更深的原因。多亏了德瓦尔自己以及古多尔和其他许多人所做的相关工作,这些工作使我们对类人猿的智力与情感生活的了解要远多于我们对其他动物的相应生活的了解。由于我们所知道的东西,也由于我们能在类人猿中看到那么多我们自己的本性,我们可以相信:类人猿可以帮助我们弥合上千年的犹太教与基督教教化在人类和其他动物之间所挖的鸿沟。承认类人猿具有基本的权利,将有助于我们看清我们与其他动物之间的差异只是程度上的,并且这会让我们更好地对待所有的动物。

篇

对评论的回应：道德之塔

德瓦尔

在我的尊敬的同行们将注意力放在其他灵长目动物似乎缺失的东西之上时,我所强调的则是人类与其他灵长目动物所共有的性状。这反映了我的一个愿望,即想要反驳这样一种道德观:道德是某种与我们的动物背景有点不合拍,甚至在总体上与我们的本性不相符合的东西。尽管我理解对这一观点的普遍支持,并赞同某些人反复提出的也要考虑到人与非人动物之间的不连续性的意见。因此,这就是我此时此刻打算要做的事情,我将从道德的定义开始。

当然,我是绝不会去谈论"不连续性"的。演化是不会以跳跃的形式出现的:新的特性是老的特性的修改或变体,因此,近亲物种之间的差异都是渐变式的。即使人类的道德代表着道德向前发展的意义重大的一步,但它仍然几乎没有可能是与过去决裂的。

道德的适用范围与忠诚对象

道德的适用圈/社会习俗/食物与配偶

道德是一种群体性现象,它源自这一事实:为了生存,我们需要依靠一个支持系统(MacIntyre 1999)。一个孤行独处的人不会有道德需求,一个与他人生活在一起但与他人没有互相依赖关系的人也不会有道德需求。在这种情况下,每一个体都可以只走自己的路;这样,就不会有演化出社会约束或道德倾向所需的压力。

为了促进合作与社群内部的和谐,人们借助道德规范来约束行为,尤其是在存在利益冲突的情况下。道德规则在穷人与富人、健康者与患病者、老人与年轻人、已婚者与未婚者等之间建立起了一种**非正式的妥协方案**。由于道德有助于人们和谐相处并完成需要合作才能完成的事务,所以它常常把共同利益置于个人利益之上。它不否认个人利益,但坚持我们应该以我们所希望的如何被他人对待的方式来对待他人。更具体地说,道德行动所指涉就是帮助[Helping]或(不)伤害[Hurting]他人(de Waal 2005)。这两个H(帮助和伤害)是相互关联的。如果你溺水了而我拒绝帮助,那么,从实际效果上看,我就是在伤害你。人们都说:帮还是不帮是一个道德抉择。

任何与这两个H无关的东西都不在道德范畴之内。那些对诸如同性婚姻或黄金时段电视节目中出现的裸露乳房之类的事作道德评价的人,其实只是试图用道德语言来表达社会习俗。社会习俗并不必然地植根于他人或社群的需求,因而,违背习俗的行为造成的所谓"伤害"常常是有争议的。社会习俗差别很大:在一种文化中令人厌恶的东西(如饭后打嗝),在另一种文化中则可能是被称道的。限定在对他者的福祉的影响范围内的道德规则要比社会习俗稳定且持久得多。金科玉律都是普遍适用的。我们所处的这个时代的道德问题——死刑、堕胎、安乐死及对老人、病人与穷人的照顾等,都是在生命、死亡、资源与关怀这些永恒主题的范围内的。

与帮助和伤害有关的关键资源是食物与配偶,这两者都受拥有、分配与交换规则的限制。对雌性灵长目动物来说,食物是最重要的东西,尤其是当她们处于怀孕或哺乳期时(她们的很大一部分时间都处于这种时期);而对雄性灵长目动物来说,配偶是最重要的东西,他们的繁殖成效取决于他们能使之受精的雌性的数量。在论及两性对婚姻的不忠时,这可以解释偏袒男性的臭名昭著的"双重标准"。女性往往擅长抚养孩子,因而,她们是将母子关系放在第一位的。由此,即使我们努力谋求性别中立的道德标准,我们对现实生活的判断仍然不能不受哺乳动物的生物特性的影响。一种切实可行的道德体系是很少会允许其规则脱离生存与繁衍的生物必要性的。

既然偏向自己所属群体的倾向已经那么有效地为人类服务了数百万年,而且,这种倾向至今仍在那么有效地为我们服务,那么,我们就可以由此推断:一种道德体系是不可能对地球上所有生命都给予平等考虑的。一种道德体系得给所涉及的事物设定一个厚薄有别的优先性等级序列。在一个多世纪前,蒲鲁东(Pierre-Joseph Proudhon)曾指出:"如果每个人都是我的兄弟,那么,我就等于没有兄弟"(Hardin 1982)。辛格曾宣称:这个世界上的所有痛苦都是同样重要的("如果一个动物感到痛,那么,这种痛之于它的意义就像一个人感到痛时那种痛之于人的意义一样大");在某个层次上讲,这种说法是对的,但在另一个层次上,这种观点就和我们与生俱来的内外有别的倾向相冲突了(Berreby 2005)。道德体系都有偏向群体内成员的固有倾向。

道德最初是为了处理社群内部事物而演化出来的,只是到不久之前,人们才开始将其他群体的成员、一般意义上的人类和非人动物,也包括在道德的适用范围内。当我们为道德适用圈的扩展而欢呼时,**我们不要忘了**这种扩展是受承受能力限制的,即在资源丰富时,道德适用圈才可能扩展;而当资源减少时,道德适用圈就不可避免地会收缩(图9)。之所以如此,是因为道德适用圈是随人们对自己所属群体的忠诚度而伸缩的。如前所述:"只有在最内层成

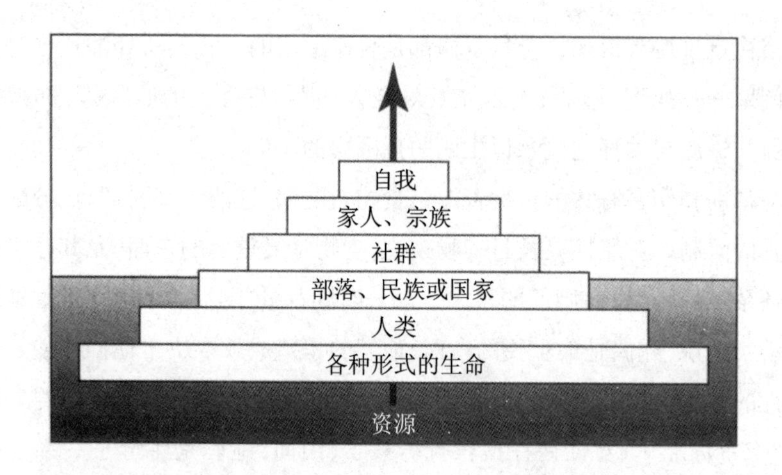

图9 人类道德适用圈不断扩展的情况看起来就像一座在水中上下浮动的金字塔。个体对自己直属的家庭、宗族、物种的忠诚度与责任心对道德的适用面起着浮力的反作用力的作用。离自我所在的中心越远,利他现象就变得越稀薄。金字塔的浮力(个体及各级群体的可用资源)决定了利他现象浮出水面的程度。因此,道德在外圈层中的适用面是受人们对内圈层所承担的责任或义务的限制的。引自 de Waal 1996。

员的健康和生存有切实保障的情况下,道德的适用范围才会越扩越大”(de Waal 1996:213)。因为我们目前生活在富裕的境况下,所以,我们才会(也应该)为那些在我们自己直属的圈子之外的人担心。* 然而,一种各个圈层中的生命体在其中都有同样价值的不偏不倚的生命竞技场,虽然看起来美好,但却是与我们古老的生存策略相冲突的。

这并不说我们偏向于最内层(我们自己、我们的家庭、我们的社群、我们自己所属的物种)有什么不好,而是说我们不得不如此。忠诚是一种道德责任。假如在一个普遍饥荒的时期,我在找了一天食物后空手回家,并告诉饥饿的家人:我找到了食物,但把它送人了;那么,他们将会极为沮丧。这种行为将

* 这一观点与辛格(1972)的观点一致,他认为:富裕程度的增长会带来对那些处于困境的人们的责任心的增强。

会被看作一种道德上的失败、一种不公平，这不是因为我的行为的受益者不应得到食物，而是因为我对那些与我关系亲密的人负有责任。在自己所在部落或民族的团结是必须维持的战争期间，这一对比甚至会变得更加醒目；在这种时候，我们会发现：背叛（自己所属的群体）是应该受道德谴责的。

有时，那些倡导动物权利的人会低估忠诚与道德适用范围之间的这种紧张，尽管他们自己的行为所表现出来的是另一回事。当我评论那些反对用动物做医学研究的人却在利用医学研究所带来的好处时，我是在寻找一种充分的肯定，即该争论具有两面性。一个人不能默默地对最内层的人忠诚（如让自己和家人接受用动物实验研发出来的医疗方法的治疗），却又在口头上否认这些圈内成员具有高出其他形式的生命的被善待的优先权。从亲疏程度同时也是对之忠诚的程度［如亲属、对子（bonding）*、群体成员，等等］渐变的维度来考量，一个智障者确实要比任何动物都具有更大的道德价值。这一忠诚性维度与对痛苦或自我意识的敏感性维度同样真实与重要。只有同时考虑这两个维度并排解它们之间的潜在冲突，我们才能决定：我们应该给有感觉能力的生物（无论是人还是动物）分配多重的道德砝码，（也即确定其被善待的优先性次序）。

我的确为那些被用于医学研究的动物担心，并发现要就（例如）这样的问题——我们是应该继续在黑猩猩身上做丙型肝炎研究或是放弃其潜在的好处——作出决定是一件令人痛苦的事（请比较 Gagneux et al. 2005 与 VandeBergand Zola 2005）。我们想治病救人还是想保护黑猩猩呢？在这一特定的争论中，我倾向于保护黑猩猩，但与此同时我也承认：我会打任何可以救我一命的疫苗。因此，至少我得说：我内心是有冲突的。这就是为什么我觉得那些高调而绝对的关于动物权利的语言是毫无意义的。对于揭示我们所面临的进退两难的困境，它什么都没有做。我更愿意用人类对动物，尤其是对像猿那样具有发达的心理能力的动物的**义务**这类术语来进行讨论，尽管我赞同辛格的观点：最终，我们所得出的结论可能并没有多大不同。

---

* 指关系亲密的两个个体的稳定组合，如配偶、情侣等。——译者

道德的三个层次

绝非与生俱来的准则/道德情感/社会压力/判断与推理/人类独有的道德层次

尽管人类的道德能力是从灵长目动物的群体生活中演化出来的,但我们不应该将这一点理解为,我们的基因已规定好了具体的道德解决方案。道德规则并未被刻写在基因组上。一份旧文献曾试图从生物“法则”推导出“十诫”(如,Seton 1907;Lorenz 1974),但这种努力是不可避免地要失败的。现在,已很少有人支持基切尔的玩笑性的完全实心理论了。

任何特定的道德准则都不是与生俱来的,而是通过告知我们应该吸取哪些信息的学习过程才确立起来的。这使我们得以揣摩、理解并最终内化我们本土社会的道德结构(Simon 1990)。由于相似的学习过程构成了语言习得的基础,我看到了道德和语言的生物基础之间的相似性。一个孩子也不是天生就具有某一特定的语言能力,而是天生就具有学习**某一**语言的能力。我们生来就要去吸收各种道德规则,并权衡各种道德选择,以便构造出一个非常灵活的道德体系,一个围绕着它总是具有同样的两个H及同样的基本忠诚的道德体系。

道德的第一个层次:道德的心理基础

人类的道德可以分为三个不同的层次(见表2),其中第一层次及第二层次的前半部分看来与其他灵长目动物有着明显的相似性。由于较高的层次不能离开较低的层次而存在,因而,人类道德的所有层面都与灵长目动物的社会性存在着连续性。道德的第一层次(这部分在我的导论性文章中已有广泛的讨论)是道德情感或道德的心理“构件”的层次,包括拟他性同心与交互式利他,也包括报应或报答、解决冲突的方法以及公平感,所有这一切都已经在其他灵长目动物中被发现并记录在案。

在将这些东西称为"构件"时,我喜欢用人与猿共有的语言。怀特(Robert Wright)对共有语言的讨论未能说明其背后的主要原因,其实,这一原因就是:如果两个近亲物种在行为上具有相似性,那么合乎逻辑的默认的假设就是:作为行为基础的心理也是相似的(de Waal 1999;附录一)。无论我们在谈论情感还是认知,这一点都同样正确;这两个领域常常被说成是互相对立的,尽管它们实际上几乎不可能互相分开(Waller 1997)。当人们用"拟人化"来给共有语言贴上一个表示不赞同的标签时,这个词是不幸的。从演化论角度看,除了用共有语言来描述人与猿的相似行为外,我们真的没有其他选择。他们很可能是**同源的**,即源自一个共同祖先的。另一种办法是将相似的行为归为类似(analogous)*,即这种相似性是各自独立获得的。我知道,对人类和动物的行为作比较的社会科学家往往假定那是类似,但对于近亲物种来说,这种假定会让生物学家觉得太不严谨了。

表2 道德的三个层次

层　次	描　述	人与猿比较
1. 道德情感	人类心理提供了诸如拟他性同心能力、交互性利他倾向、公平感以及协调关系能力等道德"构件"。	在所有这些方面,都存在着与其他灵长目动物的相似性。
2. 社会压力	每一个体都应坚持以有利于合作的集体生活的方式行动。达到这一目的手段是:奖励、惩罚和声誉建设。	社群关怀与应然性社会规则的确存在于其他灵长目动物中,但社会压力不具有系统性,并且与社会整体目标关联不大。
3. 判断与推理	将他者的需要与目标内化到它们可出现在我们对行为(包括他者的不直接与我们有关的行为)的判断中。道德判断是自我反思性的(即控制着我们自己的行为的),并常常具有逻辑推理性。	他者的需要和目标可以被内化到某种程度,但那是相似性的终结之处。

* 指非同源的不同物种因适应同样的生存环境而产生的相似性,如水生动物的体型呈流线型。——译者

有时,我们能搞清楚行为背后的机制。赖特所提供的与认知性盘算相对的基于友情的交互式利他的例子,就是一个恰当的案例。在过去的20年中,为了搞清楚观察到的交互式利他行为背后的机制,我和同事们系统地收集了相关数据并做了许多实验。这些机制有的简单,有的复杂。赖特所提出的各种各不相同的方式实际上都在其他动物中表现出来过。看来,作为人类的近亲,黑猩猩表现出了最高认知形式的交互式利他行为(de Waal 2005;de Waal and Brosnan 2006)。

道德的第二个层次:社会压力

尽管道德的第一个层次看来在我们的近亲物种中也已经发育良好,但在第二个层次上,我们就开始遇到重大差异了。这个层次涉及社群中每个成员所承受的社会压力,即努力促成共同目标并支持已经约定的社会规则。我不是说道德的这个层次在其他灵长目动物中就完全不存在。黑猩猩看来的确关心着群体内事务的状态并遵循社会规则。最近的实验甚至表明它们有盲从的倾向(Whiten et al. 2005)。但对道德来说,最重要的特征是前面已提到过的**社群关怀**(de Waal 1996),这在调解行为及其方式中有着鲜明的反映:在一场战斗过后,群体内某个地位高的雌性会设法让冲突各方走到一块,由此恢复群体内的和平。下面就是对一场调解的第一手描述:

> 尤其是在两个成年雄性之间发生了严重冲突后,这两个对手有时会被一个成年雌性带到一起。那个雌性会走向其中的一个雄性,亲吻或抚摸他,或向他展示性器官;尔后,雌性会慢慢地走向另一个雄性。如果前一个雄性跟着她走的话,那么那个雄性会紧跟在雌性的身后(并常常作出查看她的雌性性器官的样子),而不会去看另一个雄性。在某些情况下,那个雌性会回过去头看看自己身后的跟随者,有时还会往回走一段,回到那个落在后面的雄性身边,拉拉他的手,以确保他跟着自己。当那个雌性紧靠着另一个雄性坐下来时,两个雄性就会开始给雌性做毛皮护理;在雌性起身离开后,他们会继续做毛皮护理。唯一的区别是,这回是两个雄性彼此之间做毛皮护理:他们喘着粗气,发出含糊不清的声音,并比那个雌性离开之前更频繁也更响亮地作出用掌拍击的动作。(de Waal and van Roosmalen 1979: 62)

我所在的研究团队已经在多种黑猩猩群体中反复观察到这种居间调停行为。它使得雄性对手可在无须主动求和、不作眼神接触、或许还不丢面子的情况下互相接近对方。但更重要的一点是:第三方介入了其自身并不直接相关的改善关系的行为。

地位高的雄性所实施的维护治安行为也表现出了同样的对社群的关注。这些雄性会阻止其他个体间的打斗,有时,他们会站在冲突双方之间,直到冲突平息下来。雄黑猩猩在承担这种角色时表现出来的似乎置自身于争斗双方之上的不偏不倚的公正性是非常了不起的。观察记录表明:在圈养的(de Waal 1984)和野生的(Boehm 1994)黑猩猩中,这种行为都具有维护和平的作用。*

一项对猕猴维护治安行为的最近研究表明:在猕猴中也存在群体的整体利益。在通常的治安执行者暂时不在的情况下,其他群体成员就会看到:他们原本亲和的关系网络出现恶化,交互利他性交换机会也会随之而减少。因此,可以毫不夸张地说:在灵长目动物群体中,少数关键成员可以发挥非同寻常的作用,群落整体会从他们的增强社会凝聚力与合作性的行为中获益。维护治安的行为是如何以及因何演化出来的是另一个问题,但这种行为对群体内部互动状态的广泛影响是不可否认的(Flack et al. 2005,2006)。

在我们人这一物种中,个体可影响群体的观点被推进了一大步。我们竭力主张:每一个体都应为了做得更好而努力发挥自身的影响力。我们赞扬对

---

* 我的通俗著作并不总是发布结论所依存的具体数据。例如,地位高的雄黑猩猩会以公正的方式处置群内冲突这一结论,是德瓦尔(1984)对4834起干涉事件所作的分析的结果。一个名叫鲁伊特(Luit)的雄黑猩猩表现出了这样的特性:他的社会关系偏好(以彼此联系和彼此之间做毛皮护理的频度来测定)与他在公开冲突中的干预行为不存在关联性。只有作为群落首领的鲁伊特表现出了这种分离性,而其他个体所作的干预都偏向于自己的朋友与家庭成员。我对鲁伊特的干预行为做过这样的评价:“在这种干预策略中,没有可供同情与反感存在的空间。”(de Waal 1998 [1982]: 190),这就是我基于充分的量化分析对他的干预行为所作的总结。

更大的善(即群体利益)有所贡献的行为,反对破坏社会组织的行为。即使我们的切身利益还没有受到威胁,我们也要表达我们的赞成与反对。我不赞成甲偷乙的东西,不能只是因为我是乙或我与乙关系亲密,即使我除与他们同属一个群体外,与甲和乙毫无关系,我也应该这样做。我的不赞成表明了我的担心:如果人人都像甲那么做,那么,这个社会将变成什么样子?猖獗的盗窃是不会给我带来长远利益的。这一相当抽象但仍以自我为中心的对社群生活质量的关心,正是基切尔和辛格所强调的"公正"与"无私"态度的基础,也是是非得以区分的根基。

黑猩猩的确可以区分可接受的与不可接受的行为,但他们总是将这种区分与行为的直接后果,尤其是对他们自己的后果,紧密地联系在一起。由此看来,猿及其他高度社会化的动物是能够发展出应然性的社会规则的(de Waal 1996;Flack et al. 2004);这里,我只提供一个例子:

> 阿纳姆动物园,一个温暖的夜晚,当管理员叫黑猩猩进屋时,两个少年雌黑猩猩不肯进屋。那天天气很好。她们在整个岛上尽情地玩耍,她们喜欢这个岛。但动物园的规矩是:如果不是所有猿都已进了屋,那么,任何一个猿都吃不到晚餐。那两个固执的少年引起了其余的猿的不满。几个小时后,当她们终于进屋后,管理员专门将她们安排在一个单独的寝室里,以免她们被报复。但这种保护只是暂时的。第二天早上,在那些猿被放到了岛上后,整个群落都用追打的方式来发泄因晚餐的推迟而引起的不满,那场追打最终以"肇事者"遭到体罚而告终。当天晚上,最早进屋的就是那两个少年黑猩猩。(de Waal 1996:89)

在黑猩猩中,这种规则的强迫性已令人印象深刻;但在这一点上,我们自己这一物种要比任何其他物种都走得更远。从很小的时候起,我们就受制于对错的判断,这种判断在我们如何看待这个世界的方式上变得举足轻重,以至于所有做给人看的和所有经历过的行为都得经过这一"过滤器"的过滤。我们在每一个人身上都拧上社会的指旋螺钉,以确保他们的行为符合社会规则的期待。* 由此,我们在他者眼中建立了声誉,而他者则会通过所谓的"间接性交互式利他"方式来给予我们以奖赏(Trivers 1971;Alexander 1987)。

道德体系就这样给行为加上了各种限制。那些促使群体成员过上互相满意的生活的行为通常会被认为是"正确的",而那些破坏这种生活的行为则会被认为是"错误"的。道德强化了合作性的社会——在这种社会中,每一个个体都可以从中获益,且其中的大部分个体都准备为之贡献自己的一份力量,而这与生存和繁衍的生物必要性是一致的。在这一意义上,罗尔斯(1972)可谓一语中的:道德是作为一种社会契约在起作用的。

道德的第三个层次:判断与推理

道德的第三个层次走得更远,到了这一步,人类与其他动物的可比性的确已很少了。也许,这正好反映了我们当前的知识状态,但我没听说过动物中有与人的道德推理相似的现象。人们通过评估作为行动的基础的意图和信念来对自己(和他人)作出判断,当这样做时,人类遵循着一种内在的指南。我们也寻找逻辑,例如:在前面的讨论中,基于知觉的道德适用面就与基于古老的忠诚的道德义务相冲突。对具有内在一致性的某种道德框架的渴望是人类所独有的。我们人类是唯一会为了我们为何思考我们所思考的东西而忧心的动物。例如,我们可能会想要弄明白:如何使我们对待人工流产的态度与对待死

---

* 我们关于不公平厌恶(inequity inversion)的实验涉及关于奖赏分配的期待(Brosnan and de Waal 2003;Brosnan et al. 2005)。作为对基切尔的回应,我应该指出的是:不公平厌恶是否与利他有很大关系,这一点尚不清楚。人类道德的另一大支柱是交互式利他行为与资源分配,它们与拟他性同心和利他同样重要。面对不平等奖赏时,灵长目动物的反应就属于这一领域,它们的反应表明它们密切注意自己与他者之所得的相对情况。如果没有一种相当公平的奖赏分配方式,那么,合作就是不可持续的(Fehr and Schmidt 1999)。如果自己得到的比他者得到的东西**少**,那么,猴与猿就都会作出负面反应,这的确不同于个体在所得物品较**多**的情况下所作出的负面反应,但这两种反应可能是相关的,如果第二种反应是因为当事者预料到了他者会产生的第一种反应的话(即某个个体自觉地避免拿得较多,以防其他个体对其多占行为产生负面反应)。关于这两种形式的不公平厌恶在何种程度上与人类的公平感相关的讨论,请参阅德瓦尔的相关论文(de Waal 2005:209—11)。

刑的态度相协调,或在何种情况下偷窃行为或许是合理的。所有这一切看来都要远比其他动物所忙碌的具体行为更抽象。

这并不是说道德推理与灵长目动物的社会倾向是完全不相干的。我认为:我们内在的道德指南是由社会环境所塑造的。每天,我们都会注意到他人对我们的行为的正面或负面反应,从这种经验中我们推断出他人的目标以及我们社群的需求。我们将这些目标和需求当成我们自己的,这个过程就叫做**内化**。因此,道德规范与价值观不是从个体独立获得的准则中论证出来的,而是从个体与他者反复互动的内化活动中产生的。一个在与他人隔绝的情况下长大的人是绝不可能有道德推理能力的。这种"豪泽"(Kaspar Hauser)式的人会因缺乏经验而对他人的利益缺乏敏感性,并因而缺乏从自身之外的角度看世界的能力。因此,我同意达尔文与亚当·斯密的观点(参见科尔斯戈德的相关评论):社会互动肯定是道德推理能力的根源。

与前两个层次的道德相比,第三层次的道德的特点在于:它具有对道德体系的内在一致性与道德准则的"公正无私性"的渴望,并具有对互动双方的行为作仔细考量的特性——对一个人可能或应该做了什么、一个人会有什么反响。我认为:这一层次的道德是人类所独有的。尽管人类的道德从未完全超越灵长目动物的社会动机(Waller 1997),但我们的内部对话机制还是将道德行为提升到了抽象与自我反思的层次;而在人类这一物种登上演化的舞台之前,这一层次的道德是从未听说过。

棺 材 钉

人天生能与他者的目标及感受相应和/饰面理论的终结/神经科学与经济学

很荣幸听到这样的说法:我对饰面理论"大锤"式的研究方法实际上不过是揍了一匹死马(基切尔),这种做法从一开始就是愚蠢的(科尔斯戈德)。那个唯一曾经骑在这匹马上的人,即赖特,现在也否认自己曾经竭诚这样做过,就算确实这样做过的话(也并非竭诚地)。辛格则为饰面理论做了辩护,他的理由是:人类道德的某些方面,如我们的公正性要求,看来就是一种面具,因此也是一种装饰面板。

然而,公正性要求是一种与通常意义上的装饰面板完全不同的装饰面板。辛格所暗指的其实是道德的第三层次(判断和推理)在较大的人类道德体系中所占的突出地位,但我怀疑他会主张将道德的这个层次与其他两个层次隔开来。不过,这正是饰面理论试图以牺牲上述第二层以外的一切为代价所要努力达到的目标,其具体做法是:完全否定道德的第一层次(道德情感),而强调第二层次(社会压力)。照饰面理论看来:道德行为不过是一种给他人以深刻的印象并打造值得称道的声誉的方式,因此,盖斯林(1974)将利他主义者等同于伪君子,赖特(1994:344)评论道:"要成为有道德的动物,我们必须懂得:在骨子里,我们人类根本就不是有道德的动物。"用科尔斯戈德的话说:饰面理论将人类这种灵长目动物描述成"一种生活在极度的内部孤独状态的动物,并在根本上将自身看作是一个由对自己潜在有用的事物组成的世界中的唯一的人——尽管其中的某些东西有智力和情感生活,能讲话或反击"。

饰面理论所置身的是一个几乎自我封闭的世界。我们只须查阅一些有关这种理论的书的索引就会发现:总的来说,这种理论的倡导与捍卫者很少提到拟他性同心或指向他者的情感。尽管拟他性同心会被更紧迫的问题所取代*——这就是人具有普遍的拟他性同心能力的提议之所以如此脆弱的原因,它的存在会让任何将我们人类说成只会为自己打算的人望而却步。人类本能地不忍心看别人处于痛苦之中的倾向在根本上是与饰面理论将人类看作只会沉溺于自我的观念相抵触的。所有的科学研究成果都表明:我们人类天生就能与他者的目标及感受相适应,而这又会倒过来促使我们做好顾及这些他者的目标和情感的准备。

赫胥黎及其追随者试图强行在道德与演化之间打入一个楔子,我将这种态度归因为他们的注意力过度集中在了自然选择上。其错误根源在于:认为肮脏的过程只能产生肮脏的结果,或如乔伊斯(Joyce,2006:17)最近所说:"其基本错误在于混淆了一种心理状态的原因和内容。"如果不存在自然的道德倾向的话,那么,对于人类,饰面理论家所能抱的唯一希望就是半宗教性的完善概念:通过巨大的努力,我们或许能够靠自身的力量提升自我。**

饰面理论真像基切尔认为的那样太容易被反驳,以至于不必去认真对待吗?要知道在演化论著作中,饰面理论曾占主导地位长达3个年代,而且,其影响力至今未完全消退。在那3个年代中,任何有不同想法的人都会被贴上"天真"、"浪漫"、"心软"或者更坏的标签。但是,如果能让饰面理论"安息"

---

* 如果让黑猩猩在只对自己有利的行动与对自己和同伴都有利的行动之间做选择,那么,他们看来并不区分这两种行动。在这种情况下,它们只是自助(Silk et al.2005)而已。作者将他们的研究结论冠以这样的标题:"黑猩猩对不相干的群体成员的福祉漠不关心",尽管他们已经证实:在人为创造出来的某种境况中,黑猩猩会将他者的福祉当做第二位的考虑因素。我确信:一个人对他人也会这样做。当数以百计的人冲进一家有珍稀商品(如某种正流行的圣诞玩具)出售的商店时,他们肯定很少会为他人的福祉考虑。然而,没有人会由此得出这样的结论:人是不可能不为他人考虑的。

** 对卑劣动机甚至对我们的基因的反抗(Dawkins 1976),是古老的"否定肉体"的基督教观念的世俗版本。格雷(2002)曾讨论过宗教观念是如何在不知不觉中悄然进入人文与科学论述中的。

的话,那么,我是会非常开心的。也许,我们现在对它的讨论,将会成为它的安身之棺上的最后一颗钉子。我们迫切需要从一种强调狭隘的与自私动机的科学转向一种将自我看作置身于社会环境之中并被其所确定的科学。由这一转向所带来的发展已稳步出现在神经科学与经济学中,神经科学正在越来越多地研究自我与他者的共同表象(例如:Decety and Chaminade 2003),经济学也已开始对利己主义的人类行动者的神话提出质疑(例如:Gintis et al. 2005)。

各种形式的利他主义

自私/认知与自我反思/利他行为的种类

最后,我要说几句关于与利他动机相对的利己动机的话。利己与利他的区别似乎是很明确的,但生物学家们对这些词的特殊用法却使得它变得模糊不清了。首先,“自私(selfish)”往往是自为(self-serving)或利己(self-interested)的简称。严格说来,这是不正确的,因为动物也会表现出大量的自私行为,但却没有“自私”一词所暗指的动机和意图。例如,说蜘蛛织网是出于自私,那等于假定在织网的蜘蛛知道自己将要捕蝇。但更有可能的是,昆虫是没有能力作这种预测的。我们只能说:蜘蛛织网是为其自身利益服务的。

同样,在生物学中,“利他”被定义为对行事者损失大但对接受者却有利的行为,无论这种行为的意图或动机如何。当我靠蜂巢太近时,蜜蜂会来叮我,蜜蜂叮人的行为是无私的,因为这会使它自己死亡(损失)但却保护了蜂巢(利益)。然而,说蜜蜂有意识地为了保护蜂巢而牺牲自己,这恐怕是不太可能的。蜜蜂的动机是御敌而不是利他。

因此,我们需要将有意识的自私和有意识的利他与那种只是功能相同的行为区别开来。生物学家几乎把这两种行为等同看待的,但在强调要了解行为背后的动机的重要性上,基切尔与科尔斯戈德是做得对的。动物会有意地互相帮助吗?人类会这样做吗?

我想再增加一个问题,哪怕大多数人会盲目地对其设定一个肯定的答案。虽然我们已经展示了许多我们为之在事后找出正当理由的行为。但在我看来:在充分认识到我们的行动所带来的后果之前,我们就会伸出手去抚摸一个正处于悲伤之中的家庭成员,或在街上扶起一个跌倒的老人——这样的事是完全可能的。我们都善于为利他主义冲动作**事后**解释。我们会把它说成："我觉得那时我得做点什么"，但实际上，我们那时的行为是自动化的、直觉性的，遵循着情感先于认知这一人类共同的思维模式（Zajonc 1980）。同样，一直有人认为：我们的许多道德抉择也是以极快的速度作出的，以至于不可能有认知与自我反思的介入，而道德哲学家往往认为道德抉择是需要有认知与反思介入才会发生的（Greene 2005；Kahneman and Sunstein 2005）。

因此，我们的利他行为的有意性可能要比我们所设想的少。虽然我们**能够**有意地作出利他的行为，但我们还是应该对这一可能性抱以开放的心态——在大多数情况下，我们是通过快如闪电的心理过程作出利他行为的，这与一个黑猩猩伸出手去安慰另一个黑猩猩，或与一个乞讨者分享食物时所发生的心理过程与行为是相似的。由此，我们自我吹嘘并引以自豪的理性[至少]部分是虚幻的。

与此相反，在我们考虑其他灵长目动物的利他行为时，我们需要搞清楚他们对自己的行为的后果可能知道些什么。例如，他们往往会偏向自己的亲属，而个体间的交互式报答行为也很难成为反对利他动机的理由。只有在灵长目动物能有意识地考虑自己的行为所带来的回报时，这一理由才会成立，但可能性更大的是：他们是没有这种意识的。他们可能会时不时地评估与双方利益有关的关系，但认为一个黑猩猩会带着以后从被帮助者那里得到回报的明确目的去帮助另一个黑猩猩，就等于假定他们有做规划的能力，但很少有证据表明它们确实具有这种能力。而如果对未来的回报的期望并没有出现在他们的动机中，那么，他们的利他行为就与我们的一样真实了（表3）。

如果有人想要将演化层次和动机层次的行为（在生物学中，它们分别被称为"远"因和"近"因）区别开来的话，那么显然动物是在动机层次上表现出利他行为的。很难确定动物是否也会在有意的层次上这样做，因为这需要他们知道自己的行为会对他者产生什么影响。在此，我同意基切尔的观点：某些脑容量大的非人哺乳动物（如猿、海豚、象等）确实有我称为"有目标的帮助"的行为记录，但对他们来说，即使相关的证据并非完全没有，但也实在有限。

表3 利他行为的分类

<table>
<tr><th>功能上的利他</th><th>基于社会性动机的帮助</th><th>有意的、有目标的帮助</th><th>“自私的”帮助</th></tr>
<tr><td>行动者受损、接受者获益</td><td>对于不幸或乞讨的拟他性同心式的回应</td><td>他者会如何获益的意识</td><td>有意寻求回报</td></tr>
<tr><td colspan="1"> 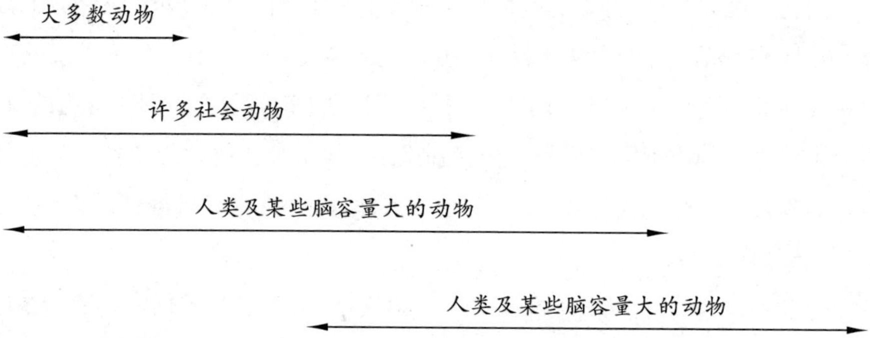←大多数动物→</td><td></td><td></td><td></td></tr>
<tr><td colspan="2">←许多社会动物→</td><td></td><td></td></tr>
<tr><td colspan="3">←人类及某些脑容量大的动物→</td><td></td></tr>
<tr><td></td><td colspan="3">←人类及某些脑容量大的动物→</td></tr>
</table>

说明：根据是否基于社会性动机、行动者是否有意识地使他者或自身获益，利他行为可以分为四类。动物王国中的绝大多数利他行为只是在功能上是利他的，因为：这种利他行为是在行动者未对自己的行为对他者的影响作出评估、也未对他者是否会给予回报作出预测的情况下发生的。社会性哺乳动物有时会因对不幸或乞讨的拟他性同心的回应而帮助他者（这就是基于社会性动机的帮助）。有意的帮助或许仅限于人、猿以及少数其他脑容量大的动物。纯粹基于回报期待的帮助可能是更加罕见的。

早期人类社会肯定是孕育针对家庭成员和潜在回报者的“善者生存”法则的最佳温床。这种法则一旦出现，其存在范围就会不断扩大。在某种程度上，对他人的同情本身就已成为一种目的——这正是人类道德的核心，也是宗教的一个基本方面。不过，认识到这一点是非常有利的，我们的强调善的道德体系正在强化那些已经是我们的自然遗产的东西——能认识到这一点，那是件好事。人类的道德体系并没有改变人类的行为，只是强化了先前就已经存在的行为能力。

结 论

道德的起源/动物的道德性

人类的道德使先前就存在的某些社会倾向得到了强化和精致化,这当然是本书的核心主题。我与同行的争论使我想起了威尔逊(1975:562)30 年前提出的建议:“让伦理学暂时从哲学家手里解脱出来并使之生物学化的时候已经到了。”现在看来,我们正处于这一过程的中间阶段,我们没有把哲学家推到一边,反而去包容他们,这样,人类道德的演化基础就能从多个学科角度得到阐明。

忽视人类与其他灵长目动物的共同点、否认人类道德的演化根源,就像是在到达塔顶时宣称这个塔顶与建筑的其余部分是不相干的,珍贵的“塔”的概念应该专门用来指塔尖。对有益的学术争论来说,语义之争通常是在浪费时间。现在,对动物是否有道德这一问题,让我们来做一个简要的结论:动物占据了道德之塔的几个楼层。如果连这样保守的建议都加以拒绝的话,那么对道德的整体结构是如何的这一问题,这种做法只能导致一种没有说服力的看法。

参考文献

Adolphs, R., L. Cahill, R. Schul, and R. Babinsky. 1997. Impaired declarative memory for emotional material following bilateral amygdala damage in humans. *Learning & Memory*, 4:291—300.

Adolphs, R., H. Damasio, D. Tranel, G. Cooper, and A. R. Damasio. 2000. A role for somatosensory cortices in the visual recognition of emotion as revealed by three-dimensional lesion mapping. *Journal of Neuroscience* 20:2683—2690.

Adolphs, R., D. Tranel, H. Damasio, and A. R. Damasio. 1994. Impaired recognition of emotion in facial expressions following bilateral damage to the human amygdala. *Nature* 372:669—672.

Alexande, R. A. 1987. *The Biology of Moral Systems*. New York: Aldine de Gruyter.

Arnhart, L. 1998. *Darwinian Natural Right: The Biological Ethics of Human Nature*. Albany, NY:SUNY Press.

——. 1999. E. O. Wilson has more in common with Thomas Aquinas than he realizes. *Christianity Today International* 5(6):36.

Aureli, F., M. Cords, and C. P. van Schaik. 2002. Conflict resolution following aggression in gregarious animals: A predictive framework. *Animal Behaviour* 64: 325—343.

Aureli, F., R. Cozzolino, C. Cordischi, and S. Scucchi. 1992. Kinoriented redirection among Japanese macaques: An expression of a revenge system? *Animal Behaviour* 44:283—291.

Aureli, F., and F. B. M. de Waal. 2000. *Natural Conflict Resolution*. Berkeley:

University of California Press.

Axelrod, R., and W. D. Hamilton. 1981. The evolution of cooperation. *Science* 211:1390—1396.

Badcock, C. R. 1986. *The Problem of Altruism: Freudian-Darwinian Solutions.* Oxford: Blackwell.

Bargh, J. A., and T. L. Chartrand. 1999. The Unbearable Automaticity of Being. *American Psychologist* 54:462—479.

Baron-Cohen, S. 2000. Theory of Mind and autism: A fifteen year review. In *Understanding Other Minds*, ed. S. Baron-Cohen, H. Tager-Flusberg, and D. J. Cohen, pp. 3—20. Oxford: Oxford University Press.

——. 2003. *The Essential Difference.* New York: BasicBooks.

——. 2004. Sex differences in social development: Lessons from autism. In *Social and Moral Development: Emerging Evidence on the Toddler Years*, ed. L. A. Leavitt and D. M. B. Hall, pp. 125—141. Johnson & Johnson Pediatric Institute.

Batson, C. D. 1990. How social an animal? The human capacity for caring. *American Psychologist* 45:336—346.

Batson, C. D., J. Fultz, and P. A. Schoenrade. 1987. Distress and empathy: Two qualitatively distinct vicarious emotions with different motivational consequences. *Journal of Personality* 55:19—39.

Berreby, D. 2005. *Us and Them: Understanding Your Tribal Mind.* New York: Little Brown.

Bischof-Köhler, D. 1988. Über den Zusammenhang von Empathie und der Fähigkeit sich im Spiegel zu erkennen. *Schweizerische Zeitschrift für Psychologie* 47:147—159.

Boehm, C. 1994, Pacifying interventions at Arnhem Zoo and Gombe. In *Chimpanzee Cultures*, ed. R. W. Wrangham. W. C. McGrew, F. B. M. de Waal, and P. G. Heltne, pp. 211—226. Cambridge, MA: Harvard University Press.

——. 1999. *Hierarchy in the Forest: The Evolution of Egalitarian Behavior*. Cambridge, MA: Harvard University Press.

Bonnie, K. E., and F. B. M. de Waal. 2004. Primate social reciprocity and the origin of gratitude. In *The Psychology of Gratitude*, ed. R. A. Emmons and M. E. McCullough, pp. 213—229. Oxford: Oxford University Press.

Bowlby, J. 1958. The nature of the child's tie to his mother. *International Journal of Psycho-Analysis* 39:350—373.

Bräuer, J., Call, J., and Tomasello, M. 2005. All great ape species follow gaze to distant locations and around barriers. *Journal of Comparative Psychology* 119: 145—154.

Brosnan, S. F., and F. B. M. de Waal. 2003. Monkeys reject unequal pay. *Nature* 425:297—299.

Brosnan, S. F., Schiff, H., and de Waal, F. B. M. 2005. Tolerance for inequity increases with social closeness in chimpanzees. *Proceedings of the Royal Society* B 272:253—258.

Burghardt, G. M. 1985. Animal awareness: Current perceptions and historical perspective. *American Psychologist* 40:905—919.

Byrne, R. W., and A. Whiten. 1988. *Machiavellian Intelligence: Social Expertise and the Evolution of Intellect in Monkeys, Apes, and Humans*. Oxford: Oxford University Press.

Caldwell, M. C., and D. K. Caldwell. 1966. Epimeletic (Care-Giving) behavior in cetacea. In *Whales, Dolphins, and Porpoises*, ed. K. S. Norris, pp. 755—789. Berkeley: University of California Press.

Carr, L., M. Iacoboni, M.-C. Dubeau, J. C. Mazziotta, and G. L. Lenzi. 2003. Neural mechanisms of empathy in humans: A relay from neural systems for imitation to limbic areas. *Proceedings of the National Academy of Sciences* 100: 5497—5502.

Cenami Spada, E. 1997. Amorphism, mechanomorphism, and anthropomorphism.

Anthropomorphism, Anecdotes, and Animals, ed. R. Mitchell, N. Thompson, and L. Miles, pp. 37—49. Albany, NY: SUNY Press.

Cheney, D. L., and R. M. Seyfarth. 1990. *How Monkeys See the World: Inside the Mind of Another Species.* Chicago: University of Chicago Press.

Church, R. M. 1959. Emotional reactions of rats to the pain of others. *Journal of Comparative and Physiological Psychology* 52:132—134.

Cohen, S., W. J. Doyle, D. P. Skoner, B. S. Rabin, and J. M. Gwaltney. 1997. Social ties and susceptibility to the Common Cold. *Journal of the American Medical Association* 277:1940—1944.

Connor, R. C., and K. S. Norris. 1982. Are dolphins reciprocal altruists? *American Naturalist* 119:358—372.

Damasio, A. 1994. *Descartes' Error: Emotion, Reason, and the Human Brain.* New York: Putnam.

Darwin, C. 1982[1871]. *The Descent of Man, and Selection in Relation to Sex.* Princeton: Princeton University Press.

Dawkins, R. 1976. *The Selfish Gene.* Oxford: Oxford University Press.

——. 1996. [No title.] *Times Literary Supplement.* November 29:13.

——. 2003. *A Devil's Chaplain: Reflections on Hope, Lies, Science, and Love.* New York: Houghton Mifflin.

de Gelder, B., J. Snyder, D. Greve, G. Gerard, and N. Hadjikhani. 2004. Fear fosters flight: A mecbanism for fear contagion when perceiving emotion expressed by a whole body. *Proceedings from the National Academy of Sciences* 101:16701—16706.

de Waal, F. B. M. 1984. Sex-differences in the formation of coalitions among chimpanzees. *Ethology & Sociobiology* 5:239—255.

——. 1989a. Food sharing and reciprocal obligations among chimpanzees. *Journal of Human Evolution* 18:433—459.

——. 1989b. *Peacemaking among Primates.* Cambridge, MA: Harvard University

Press.

——. 1991. Complementary methods and convergent evidence in the study of primate social cognition. *Behaviour* 118:297—320.

——. 1996. *Good Natured: The Origins of Right and Wrong in Humans and Other Animals*. Cambridge, MA: Harvard University Press.

——. 1997a. *Bonobo: The Forgotten Ape*. Berkeley, CA: University of California Press.

——. 1997b. The Chimpanzee's Service Economy: Food for Grooming. *Evolution & Human Behavior* 18:375—386.

——. 1998 [1982]. *Chimpanzee Politics: Power and Sex among Apes*. Baltimore, MD: Johns Hopkins University Press.

——. 1999. Anthropomorphism and anthropodenial: Consistency in our thinking about humans and other animals. *Philosophical Topics* 27:255—280.

——. 2000. Primates—a natural heritage of conflict resolution. *Science* 289:586—590.

——. 2003. On the possibility of animal empathy. In *Feelings and Emotions: The Amsterdam Symposium*, ed. T. Manstead, N. Frijda, and A. Fischer, pp. 379—399. Cambridge: Cambridge University Press.

de Waal, F. B. M. 2005. How animals do business. *Scientific American* 292(4): 72—79.

——. 2005. *Our Inner Ape*. New York: Riverhead.

de Waal, F. B. M., and F. Aureli. 1996. Consolation, reconciliation, and a possible cognitive difference between macaque and chimpanzee. In *Reaching into Thought: The Minds of the Great Apes*, ed. A. E. Russon, K. A. Bard, and S. T. Parker, pp. 80—110. Cambridge: Cambridge University Press.

de Waal, F. B. M., and L. M. Luttrell. 1988. Mechanisms of social reciprocity in three primate species: Symmetrical relationship characteristics or cognition? *Ethology & Sociobiology* 9:101—118.

de Waal, F. B. M., and S. F. Brosnan. 2006. Simple and complex reciprocity in primates. In Cooperation in Primates and Humans: Mechanisms and Evolution, ed. P. M. Kappeler and C. P. van Schaik, pp. 85—105. Berlin: Springer.

de Waal, F. B. M., and A. Van Roosmalen. 1979. Reconciliation and consolation among chimpanzees. *Behavioral Ecology & Sociobiology* 5:55—66.

Decety, J., and T. Chaininade 2003a. Neural correlates of feeling sympathy. *Neuropsychologia* 41:127—138.

——. 2003b. When the self represents the other: A new cognitive neuroscience view on psychological identification. *Consciousness and Cognition* 12:577—596.

Desmond, A. 1994. *Huxley: From Devil's Disciple to Evolution's High Priest.* New York: Perseus.

Dewey, J. 1993 [1898]. Evolution and ethics. Reprinted in *Evolutionary Ethics*, ed. M. H. Nitecki and D. V. Nitecki, pp. 95—110. Albany: State University of New York Press.

di Pellegrino, G., L. Fadiga, L. Fogassi, V. Gallese, and G. Rizzolatti. 1992. Understanding motor events: A neurophysiological study. *Experimental Brain Research* 91:176—180.

Dimberg, U. 1982. Facial reactions to facial expressions. *Psychophysiology* 19: 643—647.

——. 1990. Facial electromyographic reactions and autonomic activity to auditory stimuli. *Biological Psychology* 31:137—147.

Dimberg, U., M. Thunberg, and K. Elmehed. 2000. Unconscious facial reactions to emotional facial expressions. *Psychological Science* 11:86—89.

Dugatkin, L. A. 1997. *Cooperation among Animals: An Evolutionary Perspective.* New York: Oxford University Press.

Eibl-Eibesfeldt, I. 1974[1971]. *Love and Hate.* NewYork: Schocken Books.

Eisenberg, N. 2000. Empathy and Sympathy. In *Handbook of Emotion*, ed. M. Lewis and J. M. Haviland-Jones, pp. 677—691. 2nd ed. New York: Guilford

Press.

Eisenberg, N., and J. Strayer. 1987. *Empathy and Its Development.* New York: Cambridge University Press.

Ekman, P. 1982. *Emotion in the Human Face.* 2nd ed. Cambridge: Cambridge University Press.

Fehr, E., and K. M. Schmidt. 1999. A theory of fairness, competition, and cooperation. *Quarterly Journal of Economics* 114:817—868.

Feistner, A. T. C., and W. C. McGrew. 1989. Food-sharing in primates: A critical review. In *Perspectives in Primate Biology*, ed. P. K. Seth and S. Seth, vol. 3, pp. 21—36. New Delhi: Today & Tomorrow's Printers and Publishers.

Flack, J. C., and F. B. M. de Waal. 2000. "Any animal whatever": Darwinian building blocks of morality in monkeys and apes. *Journal of Consciousness Studies* 7:1—29.

Flack, J. C., M. Girvan, F. B. M. de Waal, and D. C. Krakauer. 2006. Policing stabilizes construction of social niches in primates. *Nature* 439:426—429.

Flack, J. C., L. A. Jeannotte, and F. B. M. de Waal. 2004. Play signaling and the perception of social rules by juvenile chimpanzees. *Journal of Comparative Psychology* 118:149—159.

Flack, J. C., D. C. Krakauer, and F. B. M. de Waal. 2005. Robustness mechanisms in primate societies: A perturbation study. *Proceedings of the Royal Society London* B 272:1091—1099.

Frank, R. H. 1988. *Passions within Reason: The Strategic Role of the Emotions.* New York: Norton.

Freud, S. 1962 [1913]. *Totem and Taboo.* NewYork: Norton.

——. 1961 [1930]. *Civilization and its Discontents.* New York: Norton.

Gagneux, P., J. J. Moore, and A. Varki. 2005. The ethics of research on great apes. *Nature* 437:27—29.

Gallese, V. 2001. The "shared manifold" hypothesis: From mirror neurons to empathy. In *Between Ourselves: Second-Person Issues in the Study of Consciousness*, ed. E. Thompson, pp. 33—50. Thorverton, UK: Imprint Academic.

Gallup, G. G. 1982. Self-awareness and the emergence of mind in primates. *American Journal of Primatology* 2:237—248.

Gauthier, D. 1986. *Morals by Agreement.* Oxford: Clarendon Press.

Ghiselin, M. 1974. *The Economy of Nature and the Evolution of Sex.* Berkeley: University of California Press.

Gintis, H., S. Bowles, R. Boyd, and E. Fehr. 2005. *Moral Sentiments and Material Interests.* Cambridge, MA: MIT Press.

Goodall, J. 1990. *Through a Window: My Thirty Years with the Chimpanzees of Gombe.* Boston: Houghton Mifflin.

Gould, S. J. 1980. So cleverly kind an animal. In *Ever Since Darwin*, pp. 260—267. Harmondsworth, UK: Penguin.

Gray, J. 2002. *Straw Dogs: Thoughts on Humans and Other Animals.* London: Granta.

Greene, J. 2005. Emotion and cognition in moral judgment: Evidence from neuroimaging. In *Neurobiology of Human Values*, ed. J.-P. Changeux, A. R. Damasio, W. Singer, and Y. Christen, pp. 57—66. Berlin: Springer.

Greene, J., and J. Haidt. 2002. How (and where) does moral judgement work? *Trends in Cognitive Sciences* 16:517—523.

Greenspan, S. I., and S. G. Shanker. 2004. *The First Idea.* Cambridge, MA: Da Capo Press.

Haidt, J. 2001. The emotional dog and its rational tail: A social intuitionist approach to moral judgment. *Psychological Review* 108:814—834.

Hammock, E. A. D., and L. J. Young. 2005. Microsatellite instability generates diversity in brain and sociobehavioral traits. *Science* 308:1630—1634.

Harcourt, A. H., and F. B. M. de Waal. 1992. *Coalitions and Alliances in Humans and Other Animals.* Oxford: Oxford University Press.

Hardin, G. 1982. Discriminating altruisms. *Zygon* 17:163—186.

Hare, B., J. Call, and M. Tomasello. 2001. Do chimpanzees know what conspecifics know? *Animal Behaviour* 61, 139—151.

Hare, B., J. Call, and M. Tomasello. In press. Chimpanzees deceive a human competitor by hiding. *Cognition*.

Hare, B., and M. Tomasello. 2004. Chimpanzees are more skilful in competitive than in cooperative cognitive tasks. *Animal Behaviour* 68:571—581.

Harlow, H. F., and M. K. Harlow. 1965. The affectional systems. In *Behavior of Nonhuman Primates*, ed. A. M. Schrier, H. F. Harlow, and F. Stollnitz, pp. 287—334. New York: Acad. Press.

Hatfield, E., J. T. Cacioppo, and R. L. Rapson. 1993. Emotional Contagion. *Current Directions in Psychological Science* 2:96—99.

Hauser, M. D. 2000. *Wild Minds: What Animals Really Think*. New York: Holt.

Hebb, D. O. 1946. Emotion in man and animal: An analysis of the intuitive processes of recognition. *Psychological Review* 53:88—106.

Hediger, H. 1955. *Studies in the Psychology and Behaviour of Animals in Zoos and Circuses*. London: Buttersworth.

Hirata, S. 2006. Tactical deception and understanding of others in chimpanzees. In *Cognitive Development in Chimpanzees*, ed. T. Matsuzawa, M. Tomanaga, and M. Tanaka, pp. 265—276. Tokyo: Springer Verlag.

Hirschleifer, J. 1987. In *The Latest on the Best: Essays in Evolution and Optimality*, ed. J. Dupre, pp. 307—326. Cambridge, MA: MIT Press.

Hobbes, T. 1991 [1651]. *Leviathan*. Cambridge: Cambridge University Press.

Hoffman, M. L. 1975. Developmental synthesis of affect and cognition and its implications for altruistic motivation. *Developmental Psychology* 11:607—622.

——. 1982. Affect and moral development. *New Directions for Child Development* 16:83—103.

Hornblow, A. R. 1980. The study of empathy. *New Zealand Psychologist* 9:

19—28.

Hume, D. 1985 [1739]. *A Treatise of Human Nature.* Harmondsworth, UK: Penguin.

Humphrey, N. 1978. Nature's psychologists. *New Scientist* 29:900—904.

Huxley, T. H. 1989 [1894]. *Evolution and Ethics.* Princeton: Princeton University Press.

Joyce, R. 2006. *The Evolution of Morality.* Cambridge, MA: MIT Press.

Kagan, J. 2000. Human morality is distinctive. *Journal of Consciousness Studies* 7:46—48.

Kahneman, D., and C. R. Sunstein. 2005. Cognitive psychology and moral intuitions. In *Neurobiology of Human Values*, ed. J.-P. Changeux, A. R. Damasio, W. Singer, and Y. Christen, pp. 91—105. Berlin: Springer.

Katz, L. D. 2000. *Evolutionary Origins of Morality: Cross-Disciplinary Perspectives.* Exeter, UK: Imprint Academic.

Kennedy, J. S. 1992. *The New Anthropomorphism.* Cambridge: Cambridge University Press.

Killen, M., and L. P. Nucci. 1995. Morality, autonomy and social conflict. In *Morality in Everyday Life: Developmental Perspectives*, ed. M. Killen and D. Hart, pp. 52—86. Cambridge: Cambridge University Press.

Kropotkin, P. 1972 [1902]. *Mutual Aid: A Factor of Evolution.* New York: New York University Press.

Kuroshima, H., K. Fujita, I. Adachi, K. Iwata, and A. Fuyuki. 2003. A capuchin monkey (*Cebus apella*) recognizes when people do and do not know the location of food. *Animal Cognition* 6:283—291.

Ladygina-Kohts, N. N. 2002 [1935]. *Infant Chimpanzee and Human Child: A Classic 1935 Comparative Study of Ape Emotions and Intelligence.* Ed. F. B. M. de Waal. New York: Oxford University Press.

Lipps, T. 1903. Einfühlung, innere Nachahmung und Organempfindung. *Archiv für die gesamte Psychologie* 1:465—519.

Levenson, R. W., and A. M. Reuf. 1992. Empathy: A physiological substrate. *Journal of Personality and Social Psychology* 63:234—246.

Lorenz, K. 1974. *Civilized Man's Eight Deadly Sins.* London: Methuen.

Macintyre, A. 1999. *Dependent Rational Animals: Why Human Beings Need the Virtues.* Chicago: Open Court.

MacLean, P. D. 1985. Brain evolution relating to family, play, and the separation call. *Archives of General Psychiatry* 42:405—417.

Marshall Thomas, E. 1993. *The Hidden Life of Dogs.* Boston: Houghton Mifflin.

Masserman, J., M. S. Wechkin, and W. Terris. 1964. Altruistic Behavior in Rhesus Monkeys. *American Journal of Psychiatry* 121:584—585.

Mayr, E. 1997. *This Is Biology: The Science of the Living World.* Cambridge, MA: Harvard University Press.

Mencius. n. d. [372—289BC]. *The Works of Mencius.* English translation by Gu Lu. Shanghai: Shangwu.

Menzel, E. W. 1974. A group of young chimpanzees in a one-acre field. In *Behavior of Non-human Primates*, ed. Schrier, A. M., and Stollnitz, F., vol. 5, pp. 83—153. New York: Academic Press.

Michel, G. F. 1991. Human psychology and the minds of other animals. In *Cognitive Ethology: The Minds of Other Animals*, ed. C. Ristau, pp. 253—272. Hillsdale, NJ: Erlbaum.

Midgley, M. 1979. Gene-Juggling. *Philosophy* 54:439—458.

Mitchell, R., N. Thompson, and L. Miles. 1997. *Anthropomorphism, Anecdotes, and Animals.* Albany, NY: SUNY Press.

Moss, C. 1988. *Elephant Memories: Thirteen Years in the Life of an Elephant Family.* New York: Fawcett Columbine.

O'Connell, S. M. 1995. Empathy in chimpanzees: Evidence for Theory of Mind? *Primates* 36:397—410.

Panksepp, J. 1998. *Affective Neuroscience: The Foundations of Human and Animal Emotions.* Oxford: Oxford University Press.

Payne, K. 1998. *Silent Thunder.* NewYork: Simon & Schuster.

Pinker, S. 1994. *The Language Instinct.* New York: Morrow.

Plomin, R., et al. 1993. Genetic change and continuities from fourteen to twenty months: The MacArthur longitudinal twin study. *Child Development* 64: 1354—1376.

Povinelli, D. J. 1998. Can animals empathize? Maybe not. *Scientific American*: http://geowords.com/lostlinks/b36/7.htm.

——. 2000. *Folk Physics for Apes.* Oxford: Oxford University Press.

Premack, D., and G. Woodruff. 1978. Does the chimpanzee have a theory of mind? *Behavioral & Brain Sciences* 4: 515—526.

Preston, S. D., and F. B. M. de Waal. 2002a. The communication of emotions and the possibility of empathy in animals. In *Altruistic Love: Science, Philosophy, and Religion in Dialogue*, ed. S. G. Post, L. G. Underwood, J. P. Schloss, and W. B. Hurlbut, pp. 284—308. Oxford: Oxford University Press.

——. 2002b. Empathy: Its ultimate and proximate bases. *Behavioral & Brain Sciences* 25: 1—72.

Prinz, W., and B. Hommel. 2002. *Common Mechanisms in Perception and Action.* Oxford: Oxford University Press.

Pusey, A. E., and C. Packer. 1987. Dispersal and Philopatry. In *Primate Societies*, ed. B. B. Smuts et al., pp. 250—266. Chicago: University of Chicago Press.

Rawls, J. 1972. *A Theory of Justice.* Oxford University Press, Oxford. Reiss, D., and L. Marino. 2001. Mirror self-recognition in the bottlenose dolphin: A case of cognitive convergence. *Proceedings of the NationaI Academy of Science* 98: 5937—5942.

Rimm-Kaufman, S. E., and J. Kagan. 1996. The psychological significance of changes in skin temperature. *Motivation and Emotion* 20:63—78.

Roes, F. 1997. An interview of Richard Dawkins. *Human Ethology Bulletin* 12 (1):1—3.

Rothstein, S. I., and R. R. Pierotti. 1988. Distinctions among reciprocal altruism, kin selection, and cooperation and a model for the initial evolution of beneficent behavior. *Ethology & Sociobiology* 9:189—209.

Sanfey, A. G., J. K. Rilling, J. A. Aronson, L. E. Nystrom, and J. D. Cohen. 2003. The neural basis of economic decision-making in the ultimatum game. *Science* 300:1755—1758.

Schleidt, W. M., and M. D. Shaher. 2003. Co-evolution of humans and canids, an alternative view of dog domestication: *Homo homini lupus*? *Evolution and Cognition* 9:57—72.

Seton, E. T. 1907. *The Natural History of the Ten Commandments.* New York: Scribner.

Shettleworth, S. J. 1998. *Cognition, Evolution, and Behavior.* New York: Oxford University Press.

Shillito, D. J., R. W. Shumaker, G. G. Gallup, and B. B. Beck. 2005. Understanding visual barriers: Evidence for Level 1 perspective taking in an orangutan, *Pongo pygmaeus. Animal Behaviour* 69:679—687.

Silk, J. B., S. C. Alberts, and J. Altmann. 2003. Social bonds of female baboons enhance infant survival. *Science* 302:1231—1234.

Silk, J. B., S. F. Brosnan, Vonk, J., Henrich, J., Povinelli, D. J., Richardson, A. S., Lambeth, S. P., Mascaro, J., and Schapiro, S. J. 2005. Chimpanzees are indifferent to the welfare of unrelated group members. *Nature* 437: 1357—1359.

Simon, H. A. 1990. A mechanism for social selection and successful altruism. *Science* 250:1665—1668.

Singer, P. 1972. Famine, affluence and morality. *Philosophy & Public Affairs* 1:

229—243.

Singer, T., B. Seymour, J. O'Doherty, K. Holger, R. J. Dolan, and C. D. Frith. 2004. Empathy for pain involves the affective but not sensory components of pain. *Science* 303:1157—1162.

Smith, A. 1937 [1759]. *A Theory of Moral Sentiments.* New York: Modern Library.

Sober, E. 1990. Let's razor Ockham's Razor. In *Explanation and Its Limits*, ed. D. Knowles, pp. 73—94. Royal Institute of Philosophy Suppl. vol. 27, Cambridge University Press.

Sober, E., and D. S. Wilson. 1998. *Unto Others: The Evolution and Psychology of Unselfish Behavior.* Cambridge, M A: Harvard University Press.

Taylor, C. E., and M. T. McGuire. 1988. Reciprocal altruism: Fifteen years later. *Ethology & Sociobiology* 9:67—72.

Taylor, S. 2002. *The Tending Instinct.* New York: Times Books.

Todes, D. 1989. *Darwin without Malthus: The Struggle for Existence in Russian Evolutionary Thought.* New York: Oxford University Press.

Tomasello, M. 1999. *The Cultural Origins of Human Cognition.* Cambridge, MA: Harvard University Press.

Tomita, H., M. Ohbayashi, K. Nakahara, I. Hasegawa, and Y. Miyashita. 1999. Top-down signal from prefrontal cortex in executive control of memory retrieval. *Nature* 401:699—703.

Trevarthen, C. 1993. The function of emotions in early infant communication and development. In *New Perspectives in Early Communicative Development*, ed. J. Nadel and L. Camaioni, pp. 48—81. London: Routledge.

Trivers, R. L. 1971. The evolution of reciprocal altruism. *Quarterly Review of Biology* 46:35—57.

VandeBerg, J. L., and S. M. Zola. 2005. A unique biomedical resource at risk. *Nature* 437:30—32.

van Hooff, J. A. R. A. M. 1967. The facial displays of the Catarrhine monkeys and apes. In *Primate Ethology*, ed. D. Morris, pp. 7—68. Chicago: Aldine.

van Schaik, C. P. 1983. Why are diurnal primates living in groups? *Behaviour* 87: 120—44.

von Uexküll, J. 1909. *Umwelt und Innenwelt der Tiere.* Berlin: Springer.

Waller, B. N. 1997. What rationality adds to animal morality. *Biology & Philosophy* 12:341—356.

Warneken, F., and M. Tomasello. 2006. Altruistic helping in human infants and young chimpanzees. *Science* 311:1301—1303.

Watson, J. B. 1930. *Behaviorism.* Chicago: University of Chicago Press.

Watts, D. P., F. Colmenares, and K. Arnold. 2000. Redirection, consolation, and male policing: How targets of aggression interact with bystanders. In *Natural Conflict Resolution*, ed. F. Aureli and F. B. M. de Waal, pp. 281—301. Berkeley: University of California Press.

Wechkin, S., J. H. Masserman, and W. Terris. 1964. Shock to a conspecific as an aversive stimulus. *Psychonomic Science* 1:47—48.

Westermarck, E. 1912 [1908]. *The Origin and Development of the Moral Ideas*, vol. 1. 2nd ed. London: Macmillan.

——. 1917 [1908]. *The Origin and Development of the Moral Ideas*, vol. 2. 2nd ed. London: Macmillan.

Whiten, A., V. Horner, and F. B. M. de Waal. 2005. Conformity to cultural norms of tool use in chimpanzees. *Nature* 437:737—740.

Wicker, B., C. Keysers, J. Plailly, J. P. Royet, V. Gallese, and G. Rizzolatti. 2003. Both of us disgusted in my insula: The common neural basis of seeing and feeling disgust. *Neuron* 40:655—664.

Williams, G. C. 1988. Reply to comments on "Huxley's Evolution and Ethics in Sociobiological Perspective." *Zygon* 23:437—438.

Williams, J. H. G., A. Whiten, T. Suddendorf, and D. I. Perrett. 2001. Imitation, mirror neurons and autism. *Neuroscience and Biobehavioral Reviews* 25: 287—295.

Wilson, E. O. 1975. *Sociobiology: The New Synthesis.* Cambridge, MA: Harvard University Press.

Wispé, L. 1991. *The Psychology of Sympathy.* New York: Plenum.

Wolpert, D. M., Z. Ghahramani, and J. R. Flanagan. 2001. Perspectives and problems in motor learning. *Trends in Cognitive Sciences* 5:487—494.

Wrangham, R. W. 1980. An ecological model of female-bonded primate groups. *Behaviour* 75:262—300.

Wrangham, R. W., and D. Peterson. 1996. *Demonic Males: Apes and the Evolution of Human Aggression.* Boston: Houghton Mifflin.

Wright, R. 1994. *The Moral Animal: The New Science of Evolutionary Psychology.* New York: Pantheon.

Yerkes, R. M. 1925. *Almost Human.* New York: Century.

Zahn-Waxler, C., B. Hollenbeck, and M. Radke-Yarrow. 1984. The origins of empathy and altruism. In *Advances in Animal Welfare Science*, ed. M. W. Fox and L. D. Mickley, pp. 21—39. Washington, DC: Humane Society of the United States.

Zahn-Waxler, C., and M. Radke-Yarrow. 1990. The origins of empathic concern. *Motivation and Emotion* 14:107—130.

Zahn-Waxler, C., M. Radke-Yarrow, E. Wagner, and M. Chapman. 1992. Development of concern for others. *Developmental Psychology* 28:126—136.

Zajonc, R. B. 1980. Feeling and thinking: Preferences need no inferences. *American Psychologist* 35:151—175.

——. 1984. On the primacy of affect. *American Psychologist* 39:117—123.

图书在版编目(CIP)数据

灵长目与哲学家:道德是怎样演化出来的/(美)德瓦尔(de Waal, F.)等著;赵芊里译.—上海:上海科技教育出版社,2013.12(2023.8重印)

(动物行为学大师)佳作书系

ISBN 978-7-5428-5711-8

Ⅰ.①灵… Ⅱ.①德… ②赵… Ⅲ.①动物行为—研究 ②道德行为—研究 Ⅳ.①B843.2 ②B82

中国版本图书馆CIP数据核字(2013)第163515号

责任编辑 王 洋 叶 剑
封面设计 王 彦 杨 静

动物行为学大师佳作书系

灵长目与哲学家——道德是怎样演化出来的

[美]弗朗斯·德瓦尔 等著
赵芊里 译

出版发行 上海科技教育出版社有限公司
(上海市闵行区号景路159弄A座8楼 邮政编码201101)
网　　址 www.sste.com www.ewen.co
印　　刷 天津旭丰源印刷有限公司
开　　本 720×1000 1/16
印　　张 12.5
字　　数 184 000
版　　次 2013年12月第1版
印　　次 2023年8月第2次印刷
书　　号 ISBN 987-7-5428-5711-8/Q·58
图　　字 09-2012-631号
定　　价 42.00元

Primates and Philosophers:

How Morality Evolved

by

Frans de Waal